· 入职数据分析师系列 ·

对比Excel，轻松学习 Python 数据分析

张俊红 著

電子工業出版社
Publishing House of Electronics Industry
北京•BEIJING

内 容 简 介

集Python、Excel、数据分析为一体是本书的一大特色。

本书围绕整个数据分析的常规流程：熟悉工具—明确目的—获取数据—熟悉数据—处理数据—分析数据—得出结论—验证结论—展示结论进行Excel和Python的对比实现，告诉你每一个过程中都会用到什么，过程与过程之间有什么联系。本书既可以作为系统学习数据分析操作流程的说明书，也可以作为一本数据分析师案头必备的实操工具书。

本书通过对比Excel功能操作去学习Python的代码实现，而不是直接学习Python代码，大大降低了学习门槛，消除了读者对代码的恐惧心理。适合刚入行的数据分析师，也适合对Excel比较熟练的数据分析师，以及从事其他岗位想提高工作效率的职场人。

图书在版编目（CIP）数据

对比 Excel，轻松学习 Python 数据分析 / 张俊红著. —北京：电子工业出版社，2019.2
（入职数据分析师系列）
ISBN 978-7-121-35793-0

Ⅰ. ①对… Ⅱ. ①张… Ⅲ. ①软件工具—程序设计 Ⅳ. ①TP311.561

中国版本图书馆 CIP 数据核字(2018)第 279763 号

策划编辑：张慧敏
责任编辑：汪达文
印　　刷：三河市华成印务有限公司
装　　订：三河市华成印务有限公司
出版发行：电子工业出版社
　　　　　北京市海淀区万寿路 173 信箱　　邮编：100036
开　　本：720×1000　1/16　印张：17.75　字数：365 千字　彩插：1
版　　次：2019 年 2 月第 1 版
印　　次：2021 年 2 月第 13 次印刷
印　　数：92501～100500 册　定价：59.00 元

凡所购买电子工业出版社图书有缺损问题，请向购买书店调换。若书店售缺，请与本社发行部联系，联系及邮购电话：（010）88254888，88258888。

质量投诉请发邮件至 zlts@phei.com.cn，盗版侵权举报请发邮件至 dbqq@phei.com.cn。
本书咨询联系方式：010-51260888-819，faq@phei.com.cn。

序　言

有幸收到张俊红的做序邀请，我非常高兴。

从 PC 时代到移动互联网时代一路走来，每个人都感受到了数据爆炸性的增长，以及其中蕴含的巨大价值。

从 PC 时代开始，我们用键盘、扫描仪等设备使信息数据化。在移动互联网时代，智能手机通过摄像头、GPS、陀螺仪等各种传感器将我们的位置、行动轨迹、行为偏好，甚至情绪等信息数据化。截至 2000 年，全人类存储了大约 12EB 的数据，要知道 1PB=1024TB，而 1EB=1024PB。但是到了 2011 年，一年所产生的数据就高达 1.82ZB（注：1ZB=1024EB），数据已经变成了一种人造的“新能源”。

在商业领域，从信息到商品，从商品到服务，越来越多我们熟悉的事物被标准的数据所度量。无论是在线广告的精准营销，还是电子商务的个性化推荐，又或者是互联网金融的人脸识别，互联网的每一次效率提升都依赖于对传统信息、物品，甚至人的数据化。

在使用数据进行效率变革及商业化的道路上，Excel 和 Python 扮演了关键的角色，它们帮助数据分析师高效地从海量数据中发现问题，验证假设，搭建模型，预测未来。

作为一本数据分析的专业书籍，作者从数据采集、清洗、抽取，以及数据可视化等多个角度介绍了日常工作中数据分析的标准路径。通过对比 Excel 与 Python 在数据处理过程中的操作步骤，详细说明了 Excel 与 Python 间的差异，以及用 Python 进行数据分析的方法。

虽与作者素未谋面，但是对于 Python 在处理海量数据和建模上的高效性与便捷性，以及 Python 在机器学习中的重要性，我们的观点是一致的。同时我们也相信对于数据分析从业者来说，掌握一种用于数据处理的编程语言是非常必要的，而从 Excel 到 Python 的学习方法则是一条学好数据分析的“捷径”。

王彦平

（网名“蓝鲸”，电子书《从 Excel 到 Python——数据分析进阶指南》《从 Excel 到 R——数据分析进阶指南》《从 Excel 到 SQL——数据分析进阶指南》的作者）

2019 年 1 月 8 日

前 言

为什么要写这本书

本书既是一本数据分析的书，也是一本 Excel 数据分析的书，同时还是一本 Python 数据分析的书。在互联网上，无论是搜索数据分析，还是搜索 Excel 数据分析，亦或是搜索 Python 数据分析，我们都可以找到很多相关的图书。既然已经有这么多同类题材的书了，为什么我还要写呢？因为在我准备写这本书时，还没有一本把数据分析、Excel 数据分析、Python 数据分析这三者结合在一起的书。

为什么我要把它们结合在一起写呢？那是因为，我认为这三者是一个数据分析师必备的技能，而且这三者本身也是一个有机统一体。数据分析让你知道怎么分析以及分析什么；Excel 和 Python 是你在分析过程中会用到的两个工具。

为什么要学习 Python

既然 Python 在数据分析领域是一个和 Excel 类似的数据分析工具，二者实现的功能都一样，为什么还要学 Python，把 Excel 学好不就行了吗？我认为学习 Python 的主要原因有以下几点。

1. 在处理大量数据时，Python 的效率高于 Excel

当数据量很小的时候，Excel 和 Python 的处理速度基本上差不多，但是当数据量较大或者公式嵌套太多时，Excel 就会变得很慢，这个时候怎么办呢？我们可以使用 Python，Python 对于海量数据的处理效果要明显优于 Excel。用 Vlookup 函数做一个实验，两个大小均为 23MB 的表（6 万行数据），在未作任何处理、没有任何公式嵌套之前，Excel 中直接在一个表中用 Vlookup 函数获取另一个表的数据需要 20 秒（我的计算机性能参数是 I7、8GB 内存、256GB 固态硬盘），配置稍微差点的计算机可能打开这个表都很难。但是用 Python 实现上述过程只需要 580 毫秒，即 0.58 秒，是 Excel 效率的 34 倍。

2. Python可以轻松实现自动化

你可能会说Excel的VBA也可以自动化，但是VBA主要还是基于Excel内部的自动化，一些其他方面的自动化VBA就做不了，比如你要针对本地某一文件夹下面的文件名进行批量修改，VBA就不能实现，但是Python可以。

3. Python可用来做算法模型

虽然你是做数据分析的，但是一些基础的算法模型还是有必要掌握的，Python可以让你在懂一些基础的算法原理的情况下就能搭建一些模型，比如你可以使用聚类算法搭建一个模型去对用户进行分类。

为什么要对比Excel学习Python

Python虽然是一门编程语言，但是在数据分析领域实现的功能和Excel的基本功能一样，而Excel又是大家比较熟悉、容易上手的软件，所以可以通过Excel数据分析去对比学习Python数据分析。对于同一个功能，本书告诉你在Excel中怎么做，并告诉你对应到Python中是什么样的代码。例如数值替换，即把一个值替换成另一个值，对把“Excel”替换成“Python”这一要求，在Excel中可以通过鼠标点选实现，如下图所示。

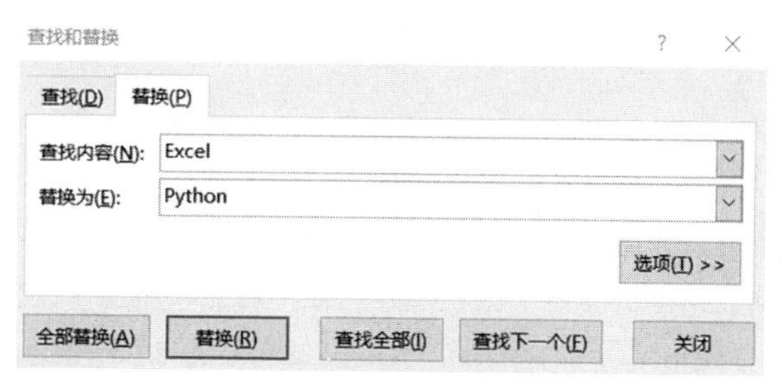

在Python中则通过具体的代码实现，如下所示。

```
df.replace("Excel","Python")    # 表示将表df中的Excel替换成Python
```

本书将数据分析过程中涉及的每一个操作都按这种方式对照讲解，让你从熟悉的Excel操作中去学习对应的Python实现，而不是直接学习Python代码，大大降低了学习门槛，消除了大家对代码的恐惧心理。这也是本书的一大特色，也是我为什么要写本书的最主要原因，就是希望帮助你不再惧怕代码，让你可以像学Excel数据分析一样，轻松学习Python数据分析。

本书的学习建议

要想完全掌握一项技能，你必须系统学习它，知道它的前因后果。本书不是孤立地讲 Excel 或者 Python 中的操作，而是围绕整个数据分析的常规流程：熟悉工具—明确目的—获取数据—熟悉数据—处理数据—分析数据—得出结论—验证结论—展示结论，告诉你每一个过程都会用到什么操作，这些操作用 Excel 和 Python 分别怎么实现。这样一本书既是系统学习数据分析流程操作的说明书，也是数据分析师案头必备的实操工具书。

大家在读第一遍的时候不用记住所有函数，你是记不住的，即使你记住了，如果在工作中不用，那么很快就会忘记。正确的学习方式应该是，先弄清楚一名数据分析师在日常工作中对工具都会有什么需求（当然了，本书的顺序是按照数据分析的常规分析流程来写的），希望工具帮助你达到什么样的目的，罗列好需求以后，再去研究工具的使用方法。比如，要删除重复值，就要明确用 Excel 如何实现，用 Python 又该如何实现，两种工具在实现方式上有什么异同，这样对比次数多了以后，在遇到问题时，你自然而然就能用最快的速度选出最适合的工具了。

数据分析一定是先有想法然后考虑如何用工具实现，而不是刚开始就陷入记忆工具的使用方法中。

本书写了什么

本书分为三篇。

入门篇：主要讲数据分析的一些基础知识，介绍数据分析是什么，为什么要做数据分析，数据分析究竟在分析什么，以及数据分析的常规流程。

实践篇：围绕数据分析的整个流程，分别介绍每一个步骤中的操作，这些操作用 Excel 如何实现，用 Python 又如何实现。本篇内容主要包括：Python 环境配置、Python 基础知识、数据源的获取、数据概览、数据预处理、数值操作、数据运算、时间序列、数据分组、数据透视表、结果文件导出、数据可视化等。

进阶篇：介绍几个实战案例，让你体会一下在实际业务中如何使用 Python。具体来说，进阶篇的内容主要包括，利用 Python 实现报表自动化、自动发送电子邮件，以及在不同业务场景中的案例分析。此外，还补充介绍了 NumPy 数组的一些常用方法。

本书适合谁

本书主要适合以下人群。

- Excel 已经用得熟练，想学习 Python 来丰富自己技能的数据分析师。

- 刚入行对 Excel 和 Python 都不精通的数据分析师。
- 其他常用 Excel 却想通过学习 Python 提高工作效率的人。

Python 虽然是一门编程语言，但是它并不难学，不仅不难学，而且很容易上手，这也是 Python 深受广大数据从业者喜爱的原因之一，因此大家在学习 Python 之前首先在心里告诉自己一句话，那就是 Python 并没有那么难。

致谢

感谢我的父母，是他们给了我受教育的机会，才有了今天的我。

感谢我的公众号的读者朋友们，如果不是他们，那么我可能不会坚持撰写技术文章，更不会有这本书。

感谢慧敏让我意识到写书的意义，从而创作本书，感谢电子工业出版社为这本书忙碌的所有人。

感谢我的女朋友，在写书的这段日子里，我几乎把所有的业余时间全用在了写作上，很少陪她，但她还是一直鼓励我，支持我。

读者服务

轻松注册成为博文视点社区用户（www.broadview.com.cn），扫码直达本书页面。

- **提交勘误**：您对书中内容的修改意见可在 提交勘误 处提交，若被采纳，将获赠博文视点社区积分（在您购买电子书时，积分可用来抵扣相应金额）。
- **交流互动**：在页面下方 读者评论 处留下您的疑问或观点，与我们和其他读者一同学习交流。

页面入口：http://www.broadview.com.cn/35793

目　录

入门篇

实践篇

进阶篇

入门篇

通过入门篇的学习，你会对数据分析有一个宏观的认识，知道数据分析到底在分析什么，为什么要做数据分析，以及做了数据分析有什么好处。

第 1 章

数据分析基础

1.1 数据分析是什么

数据分析是指利用合适的工具在统计学理论的支撑下，对数据进行一定程度的预处理，然后结合具体业务分析数据，帮助相关业务部门监控、定位、分析、解决问题，从而帮助企业高效决策，提高经营效率，发现业务机会点，让企业获得持续竞争的优势。

1.2 为什么要做数据分析

在做一件事情之前我们首先得弄清楚为什么要做，或者说做了这件事以后有什么好处，这样我们才能更好地坚持下去。

啤酒和尿布的问题大家应该都听过，如果没有数据分析，相信大家是怎么也不会发现买尿布的人一般也会顺带买啤酒，现在各大电商网站都会卖各种套餐，相关商品搭配销售能大大提高客单价，增加收益，这些套餐的搭配都是基于历史用户购买数据得出来的。如果没有数据分析，可能很难想到要把商品搭配销售，或者不知道该怎么搭配。

谷歌曾经推出一款名为“谷歌流感趋势”的产品，这款产品能够很好地预测流感这种传染疾病的发生时间。这款产品预测的原理就是，某一段时间内某些关键词的检索量会异常高，谷歌通过分析这些检索量高的关键词发现，这些关键词，比如咳嗽、头痛、发烧都是一些感冒/流感症状，当有许多人都搜索这些关键词时，说明这次并非一般性感冒，极有可能是一场带有传染性的流感，这个时候就可以及时采取一些措施来防止流感的扩散。

虽然谷歌流感趋势预测最终以失败告终，但是这个产品的整体思路是值得借鉴的。感兴趣的读者可以上网查一下它的始末。

数据分析可以把隐藏在大量数据背后的信息提炼出来，总结出数据的内在规律。代替了以前那种拍脑袋、靠经验做决策的做法，因此越来越多的企业重视数据分析。具体来说，数据分析在企业日常经营分析中有三大作用，即现状分析、原因分析、预测分析。

1.2.1 现状分析

现状分析可以告诉你业务在过去发生了什么，具体体现在两个方面。

第一，告诉你现阶段的整体运营情况，通过各个关键指标的表现情况来衡量企业的运营状况，掌握企业目前的发展趋势。

第二，告诉你企业各项业务的构成，通常公司的业务并不是单一的，而是由很多分支业务构成的，通过现状分析可以让你了解企业各项分支业务的发展及变动情况，对企业运营状况有更深入的了解。

现状分析一般通过日常报表来实现，如日报、周报、月报等形式。

例如，电商网站日报中的现状分析会包括订单数、新增用户数、活跃率、留存率等指标同比、环比上涨/下跌了多少。如果将公司的业务划分为华北、东北、华中、华东、华南、西南、西北几个片区，那么通过现状分析，你可以很清楚地知道哪些区域做得比较好，哪些区域做得比较差。

1.2.2 原因分析

原因分析可以告诉你某一现状为什么会存在。

经过现状分析，我们对企业的运营情况有了基本了解，知道哪些指标呈上升趋势，哪些指标呈下降趋势，或者是哪些业务做得好，哪些做得不好。但是我们还不知道那些做得好的业务为什么会做得好，做得差的业务的原因又是什么？找原因的过程就是原因分析。

原因分析一般通过专题分析来完成，根据企业运营情况选择针对某一现状进行原因分析。

例如，在某一天的电商网站日报中，某件商品销量突然大增，那么就需要针对这件销量突然增加的商品做专题分析，看看是什么原因促成了商品销量大增。

1.2.3 预测分析

预测分析会告诉你未来可能发生什么。

在了解企业经营状况以后，有时还需要对企业未来发展趋势做出预测，为制订企业经营目标及策略提供有效的参考与决策依据，以保证企业的可持续健康发展。

预测分析一般是通过专题分析来完成的，通常在制订企业季度、年度计划时进行。

例如，通过上述的原因分析，我们就可以有针对性地实施一些策略。比如通过原因分析，我们得知在台风来临之际面包的销量会大增，那么我们在下次台风来临之前就应该多准备一些面包，同时为了获得更多的销量做一系列准备。

1.3 数据分析究竟在分析什么

数据分析的重点在分析，而不在工具，那么我们究竟该分析什么呢？

1.3.1 总体概览指标

总体概览指标又称统计绝对数，是反映某一数据指标的整体规模大小，总量多少的指标。

例如，当日销售额为 60 万元，当日订单量为 2 万，购买人数是 1.5 万人，这些都是概览指标，用来反映某个时间段内某项业务的某些指标的绝对量。

我们把经常关注的总体概览指标称为关键性指标，这些指标的数值将会直接决定公司的盈利情况。

1.3.2 对比性指标

对比性指标是说明现象之间数量对比关系的指标，常见的就是同比、环比、差这几个指标。

同比是指相邻时间段内某一共同时间点上指标的对比，环比就是相邻时间段内指标的对比；差就是两个时间段内的指标直接做差，差的绝对值就是两个时间段内指标的变化量。

例如，2018 年和 2017 年是相邻时间段，那么 2018 年的第 26 周和 2017 年的第 26 周之间的对比就是同比，而 2018 年的第 26 周和第 25 周的对比就是环比。

1.3.3 集中趋势指标

集中趋势指标是用来反映某一现象在一定时间段内所达到的一般水平，通常用平均指标来表示。平均指标分为数值平均和位置平均。例如，某地的平均工资就是一个集中趋势指标。

数值平均是统计数列中所有数值平均的结果，有普通平均数和加权平均数两种。普通平均的所有数值的权重都是 1，而加权平均中不同数值的权重是不一样的，在算平均值时不同数值要乘以不同的权重。

假如你要算一年中每月的月平均销量，这个时候一般就用数值平均，直接把 12

个月的销量相加除以 12 即可。

假如你要算一个人的平均信用得分情况，由于影响信用得分的因素有多个，而且不同因素的权重占比是不一样的，这个时候就需要使用加权平均。

位置平均是基于某个特殊位置上的数或者普遍出现的数，即用出现次数最多的数值来作为这一系列数值的整体一般水平。基于位置的指标最常用的就是中位数，基于出现次数最多的指标就是众数。

众数是一系列数值中出现次数最多的数值，是总体中最普遍的值，因此可以用来代表一般水平。如果数据可以分为多组，则为每组找出一个众数。注意，众数只有在总体内单位足够多时才有意义。

中位数是将一系列值中的每一个值按照从小到大顺序排列，处于中间位置的数值就是中位数。因为处于中间位置，有一半变量值大于该值，一半小于该值，所以可以用这样的中等水平来表示整体的一般水平。

1.3.4　离散程度指标

离散程度指标是用来表示总体分布的离散（波动）情况的指标，如果这个指标较大，则说明数据波动比较大，反之则说明数据相对比较稳定。

全距（又称极差）、方差、标准差等几个指标用于衡量数值的离散情况。

全距：由于平均数让我们确定一批数据的中心，但是无法知道数据的变动情况，因此引入全距。全距的计算方法是用数据集中最大数（上界）减去数据集中最小数（下界）。

全距存在的问题主要有两方面。

- 问题 1，容易受异常值影响。
- 问题 2，全距只表示了数据的宽度，没有描述清楚数据上下界之间的分布形态。

对于问题 1 我们引入四分位数的概念。四分位数将一些数值从小到大排列，然后一分为四，最小的四分位数为下四分位数，最大的四分位数为上四分位数，中间的四分位数为中位数。

对于问题 2 我们引入了方差和标准差两个概念来衡量数据的分散性。

方差是每个数值与均值距离的平方的平均值，方差越小说明各数值与均值之间的差距越小，数值越稳定。

标准差是方差的开方，表示数值与均值距离的平均值。

1.3.5　相关性指标

上面提到的几个维度是对数据整体的情况进行描述，但是我们有的时候想看一下数据整体内的变量之间存在什么关系，一个变化时会引起另一个怎么变化，我们把用来反映这种关系的指标叫做相关系数，相关系数常用 r 来表示。

$$r(X,Y)=\frac{\mathrm{Cov}(X,Y)}{\sqrt{\mathrm{Var}[X]\mathrm{Var}[Y]}}$$

其中，Cov(X,Y)为 X 与 Y 的协方差，Var[X]为 X 的方差，Var[Y]为 Y 的方差。

关于相关系数需要注意以下几点。

- 相关系数 r 的范围为[-1，1]。
- r 的绝对值越大，表示相关性越强。
- r 的正负代表相关性的方向，正代表正相关，负代表负相关。

1.3.6 相关关系与因果关系

相关关系不等于因果关系，相关关系只能说明两件事情有关联，而因果关系是说明一件事情导致了另一件事情的发生，不要把这两种关系混淆使用。

例如，啤酒和尿布是具有相关关系的，但是不具有因果关系；而流感疾病和关键词检索量上涨是具有因果关系的。

在实际业务中会遇到很多相关关系，但是具有相关关系的两者不一定有因果关系，一定要注意区分。

1.4 数据分析的常规流程

我们再来回顾一下数据分析的概念，数据分析是借助合适的工具去帮助公司发现数据背后隐藏的信息，对这些隐藏的信息进行挖掘，从而促进业务发展。基于此，可以将数据分析分为以下几个步骤。

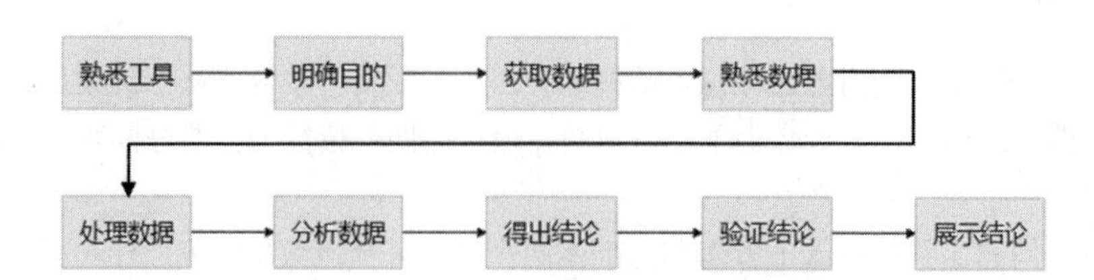

1.4.1 熟悉工具

数据分析是利用合适的工具和合适的理论挖掘隐藏在数据背后的信息，因此数据分析的第一步就是要熟悉工具。工欲善其事，必先利其器，只有熟练使用工具，才能更好地处理数据、分析数据。

1.4.2 明确目的

做任何事情都要目的明确，数据分析也一样，首先要明确数据分析的目的，即希望通过数据分析得出什么。例如，希望通过数据分析发现流失用户都有哪些特征，希望通过数据分析找到销量上涨的原因。

1.4.3 获取数据

目的明确后我们就要获取数据，在获取数据之前还需要明确以下几点。

- 需要什么指标。
- 需要什么时间段的数据。
- 这些数据都存在哪个数据库或哪个表中。
- 怎么提取，是自己写 Sql 还是可以直接从 ERP 系统中下载。

1.4.4 熟悉数据

拿到数据以后，我们要去熟悉数据，熟悉数据就是看一下有多少数据，这些数据是类别型还是数值型的；每个指标大概有哪些值，这些数据能不能满足我们的需求，如果不够，那么还需要哪些数据。

获取数据和熟悉数据是一个双向的过程，当你熟悉完数据以后发现当前数据维度不够，那就需要重新获取；当你获取到新的数据以后，需要再去熟悉，所以获取数据和熟悉数据会贯穿在整个数据分析过程中。

1.4.5 处理数据

获取到的数据是原始数据，这些数据中一般会有一些特殊数据，我们需要对这些数据进行提前处理，常见的特殊数据主要有以下几种。

- 异常数据。
- 重复数据。
- 缺失数据。
- 测试数据。

对于重复数据、测试数据我们一般都是做删除处理的。

对于缺失数据，如果缺失比例高于 30%，那么我们会选择放弃这个指标，即做删除处理。而对于缺失比例低于 30%的指标，我们一般进行填充处理，即使用 0、均值或者众数等进行填充。

对于异常数据，需要结合具体业务进行处理，如果你是一个电商平台的数据分析师，你要找出平台上的刷单商户，那么异常值就是你要重点研究的对象了；假如你要分析用户的年龄，那么一些大于 100 或者是小于 0 的数据，就要删除。

1.4.6 分析数据

分析数据主要围绕上节介绍的数据分析指标展开。在分析过程中经常采用的一个方法就是下钻法，例如当我们发现某一天的销量突然上涨/下滑时，我们会去看是哪个地区的销量上涨/下滑，进而再看哪个品类、哪个产品的销量出现上涨/下滑，层层下钻，最后找到问题产生的真正原因。

1.4.7 得出结论

通过分析数据，我们就可以得出结论。

1.4.8 验证结论

有的时候即使是通过数据分析出来的结论也不一定成立，所以我们要把数据分析和实际业务相联系，去验证结论是否正确。

例如，做新媒体数据分析，你通过分析发现情感类文章的点赞量、转发量更高，这只是你的分析结论，但是这个结论正确吗？你可以再写几篇情感类文章验证一下。

1.4.9 展示结论

我们在分析出结论，并且结论得到验证以后就可以把这个结论分享给相关人员，例如领导或者业务人员。这个时候就需要考虑如何展示结论，以什么样的形式展现，这就要用到数据可视化了。

1.5 数据分析工具：Excel 与 Python

数据分析都是围绕常规数据分析流程进行的，在这个流程中，我们需要选择合适的工具对数据进行操作。

例如，导入外部数据。如果用 Excel 实现，那么直接单击菜单栏中的数据选项卡（如下图所示），然后根据外部数据的格式选择不同格式的数据选项即可实现。

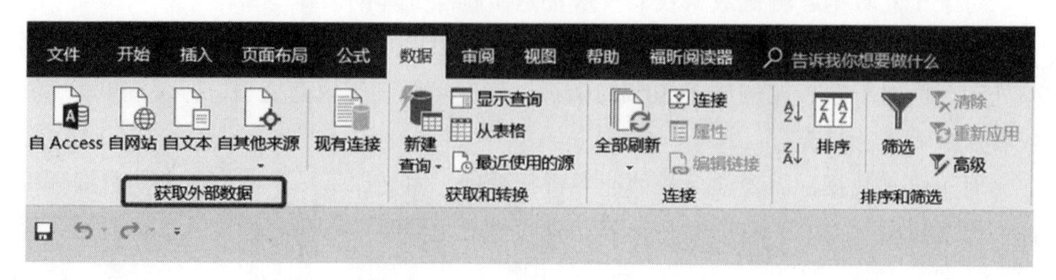

如果用 Python 实现，那么需要编写如下代码进行数据导入，即你要根据文件的格式选择不同的代码，来导入不同格式的本地文件。

```
#导入.csv 文件
data = pd.read_csv(filepath + "test.csv",encoding="gbk")

#导入.xlsx 文件
data = pd.read_excel(filepath + "test.xlsx",encoding="gbk")

#导入.txt 文件
data = pd.read_table(filepath + "test.txt",encoding="gbk")

#导入数据库文件
data = pd.read_sql("select * from test", con)
```

通过这个简单的例子，我们可以看到，同一个操作可以使用不同的工具实现，不同工具的实现方式是不一样的，Excel 是通过鼠标点选的方式来操作数据，而 Python 需要通过具体的代码来操作数据。虽然两者的操作方式是不一样的，但都可以达到导入外部数据这一操作的目的。Python 在数据分析领域只不过是和 Excel 类似的一个数据分析工具而已。

本书的编写都是按照这种方式进行的，针对数据分析中的每一个操作，分别用 Excel 和 Pyhon 对比实现。

实践篇

实践篇是本书的重点，主要围绕数据分析的各个流程展开，介绍每一个流程中都会有什么操作，这些操作用 Excel 如何实现，用 Python 又该如何实现。

数据分析的整个流程其实和炒菜做饭的原理是一样的，都是将一堆原材料整理分配成不同的成品：首先要了解锅（Python 基础知识）；然后要买米、菜等原材料（获取数据源）；菜买回来了，需要淘米洗菜（数据预处理）；菜品洗好后是放在一起的，这个时候你要做什么菜，就把什么菜挑出来（数据筛选）；菜挑出来以后就可以进行切配了（数值操作）；菜都切好了，就可以下锅烹调了（数据运算）；不同菜品需要烹调的时间是不一样的，你需要有一个炒菜计时器（时间序列）；菜全部做好了，凉菜和热菜肯定是不能放一起的，需要分开放（数据分组）；除了常规菜，还可以做一个水果拼盘（多表拼接）；所有的都做好了，就可以端上桌了（结果导出）。

菜全部做好后，第一件事情是什么？是拍照发朋友圈，发朋友圈肯定要把菜品摆一摆，然后打开相机的美颜、滤镜拍照，照片拍完了，发朋友圈，这一过程就是数据可视化的过程。

第 2 章

熟悉锅——Python 基础知识

2.1 Python 是什么

首先，Python 是一门编程语言，具有丰富而强大的库。Python 被称为胶水语言，因为它能够把用其他语言制作的各种模块（尤其是 C/C++）很轻松地连在一起。

Python 语言的语法简单、容易上手，它有很多现成的库可以供你直接调用，以满足你在不同领域的需求。Python 在数据分析、机器学习及人工智能等领域，受到越来越多编程人士的喜欢，也正因为如此，在 2018 年 7 月的编程语言排行榜中，Python 超过 Java 成为第一名，如下图所示。

Worldwide, Jul 2018 compared to a year ago:

Rank	Change	Language	Share	Trend
1	↑	Python	23.59 %	+5.5 %
2	↓	Java	22.4 %	-0.5 %
3	↑↑	Javascript	8.49 %	+0.2 %
4	↓	PHP	7.93 %	-1.5 %
5	↓	C#	7.84 %	-0.5 %
6		C/C++	6.28 %	-0.8 %
7	↑	R	4.18 %	+0.0 %
8	↓	Objective-C	3.4 %	-1.0 %
9		Swift	2.65 %	-0.9 %
10		Matlab	2.25 %	-0.3 %

2.2 Python 的下载与安装

2.2.1 安装教程

本书没有选择下载官方Python版本，而是下载了Python的一个开源版本Anaconda。之所以选择 Anaconda 是因为它对刚开始学 Python 的人实在是太友好了。众所周知，Python 有很多现成的库可以供你直接调用，但是在调用之前要先进行安装。如果下载 Python 官方版本，则需要手动安装自己需要使用的库，但是 Anaconda 自带一些常用的 Python 库，不需要自己再安装库。现在就来看一下 Anaconda 的具体安装流程。

Step1：查看电脑的系统类型是 32 位操作系统还是 64 位操作系统，如下图所示，选择的是 64 位操作系统。

Step2：进入官网（https://www.anaconda.com），单击右上角的 Download 按钮，如下图所示。

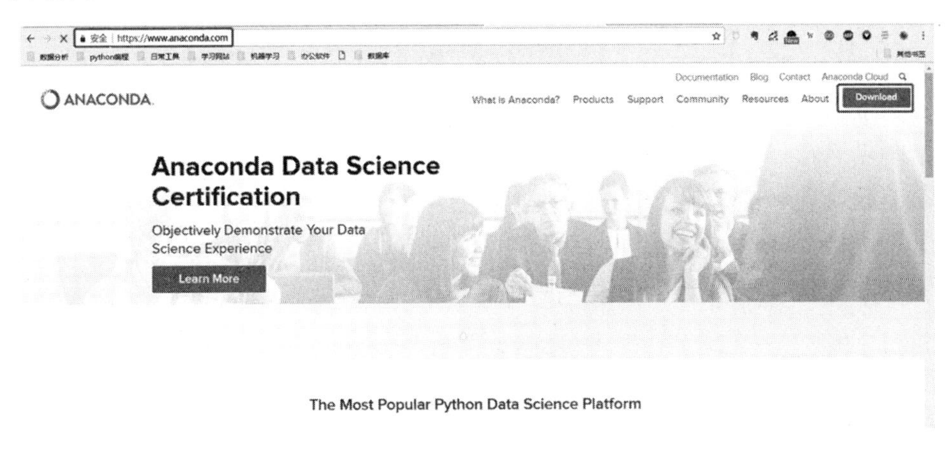

Step3：根据电脑系统类型（Windows/macOS/Linux）选择对应的软件类型，如下图所示。

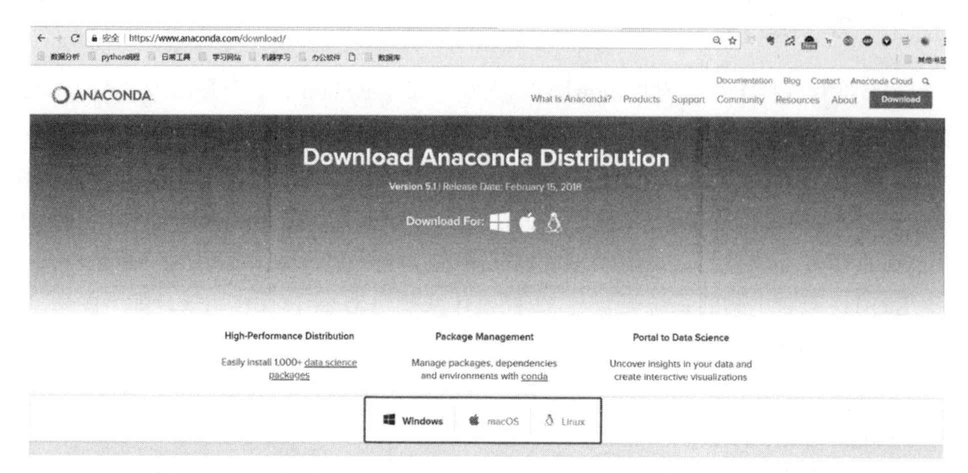

Step4：选择 Python 版本。因为在 2020 年之后官方就不再支持 Python 2 了，所以建议大家选择 Python 3，本书的代码也是基于 Python 3 的，然后根据电脑的操作系统位数（32Bit/64Bit）选择对应版本，如下图所示。

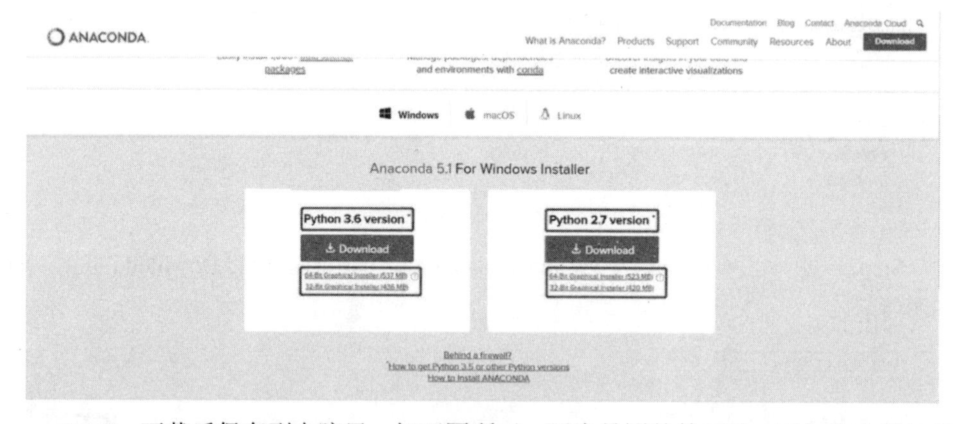

Step5：下载后保存到电脑里，如下图所示。因为是国外的网站，再加上文件比较大，所以下载速度会比较慢，大家也可以去我的公众号“俊红的数据分析之路”进行下载，在公众号回复“随书资源”，即可获得安装包资源。

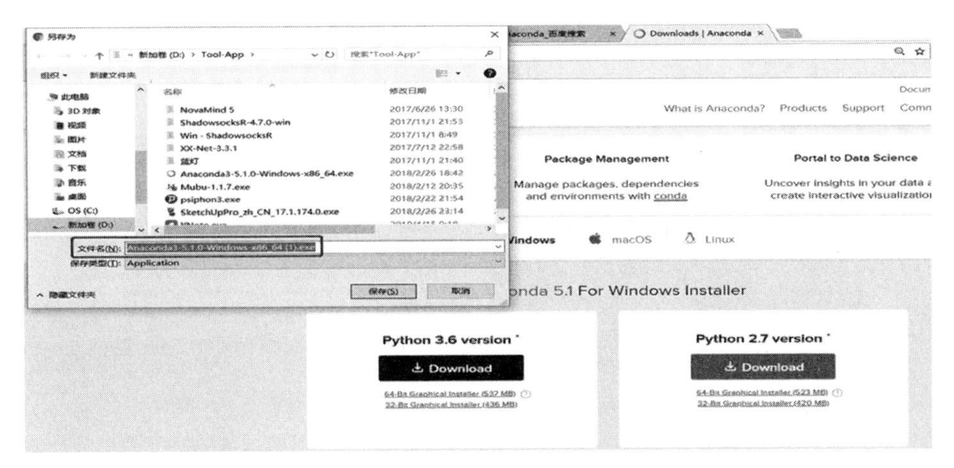

Step6：双击安装包打开后进行安装，如下图所示依次单击相应按钮。

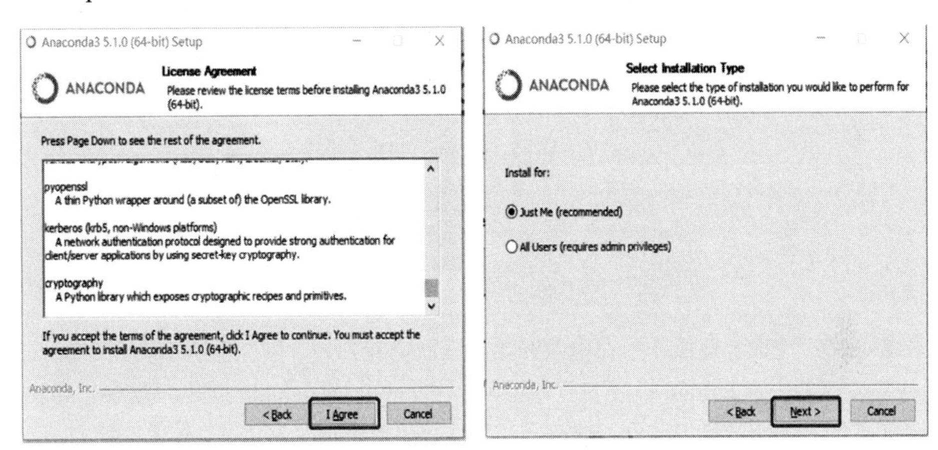

Step7：安装路径选择默认路径即可，不需要添加环境变量，然后单击 Next 按钮，并在弹出的对话框中勾选相应选项即可。

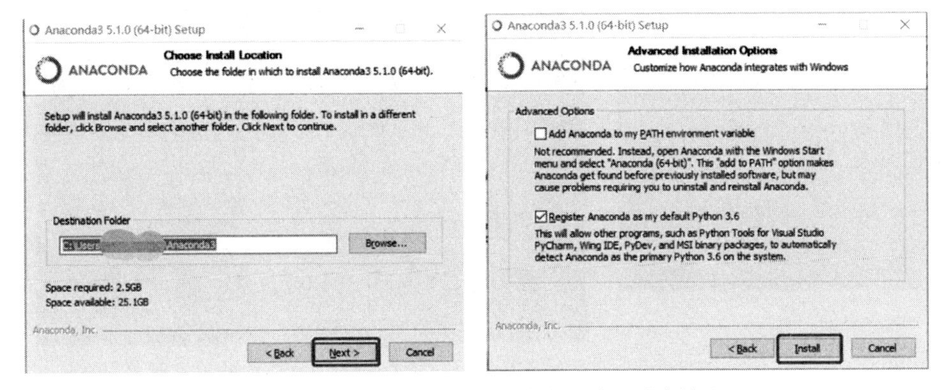

Step8：等待下载完成后，继续单击 Next 按钮，如下图所示。

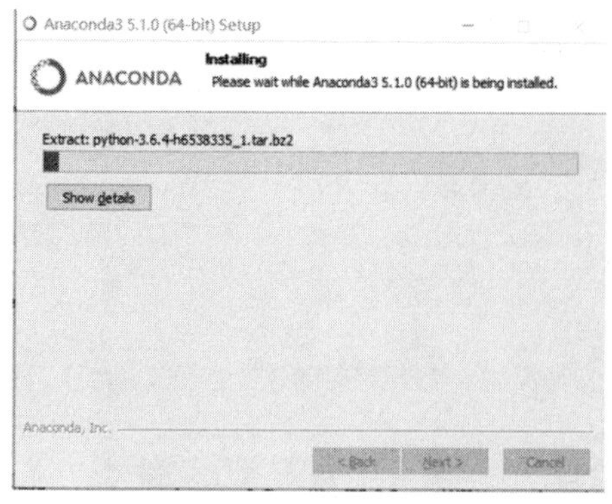

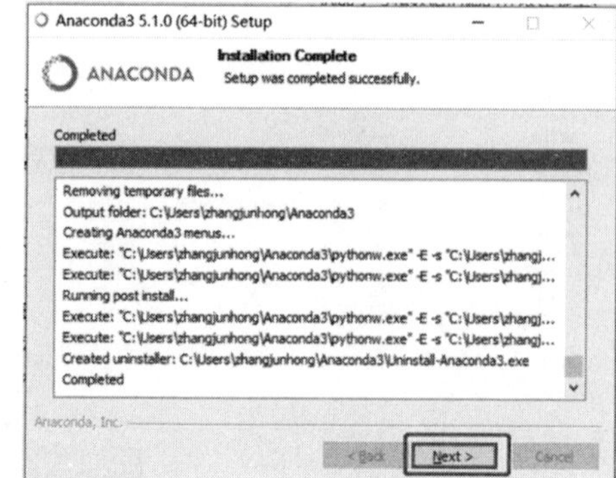

Step9：单击并勾选如下图所示按钮。

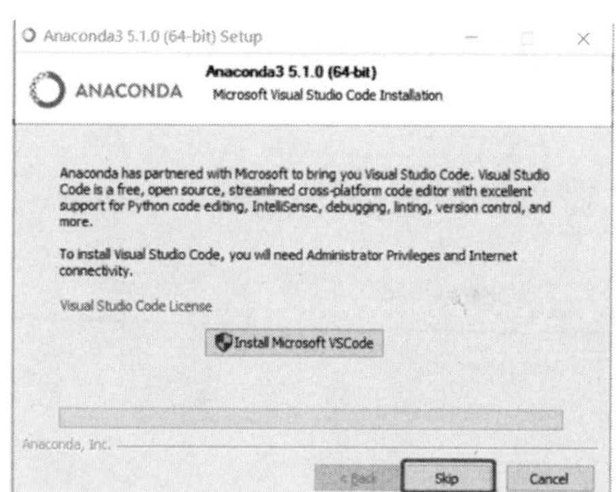

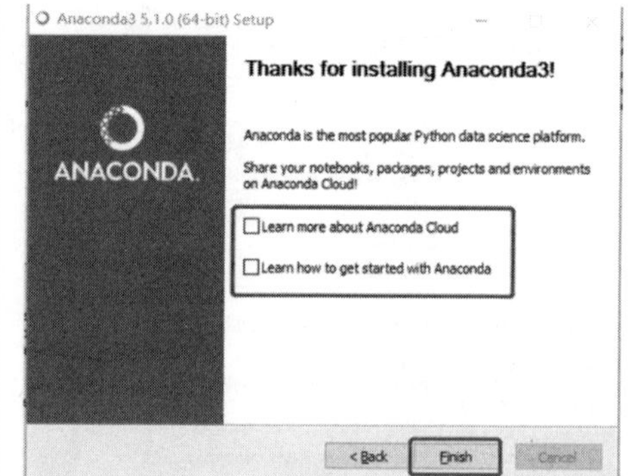

Step10：完成上述操作后在电脑开始界面就会看到如下图左侧所示的几个新添加的程序，这就表示 Python 已经安装好了，单击 Jupyter Notebook 打开，会弹出一个黑框（如下图右侧所示），按 Enter 键后会让你选择用哪个浏览器打开，建议选择 Chrome 浏览器。

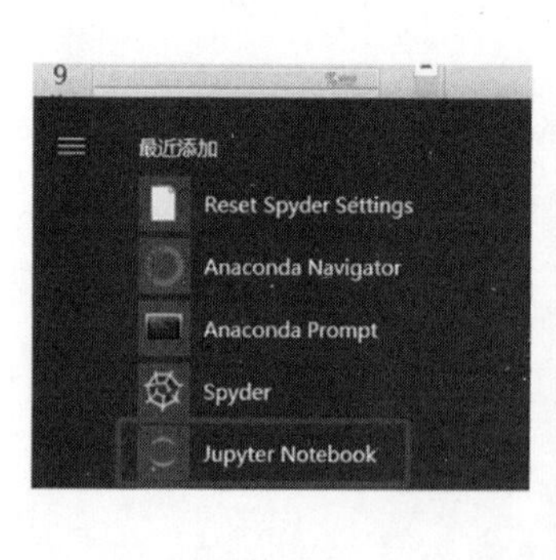

Step11：当你看到如下图所示界面时，表示环境已经配置好了。

2.2.2 IDE 与 IDLE

程序编写的步骤如下图所示。

在程序运行过程中，首先需要一个编辑器来编写代码。编写完代码以后需要一个编译器把我们的代码编译给计算机，让计算机执行。代码在运行过程中难免会出现一些错误，这个时候就需要用调试器去调试代码。

IDE 是英文单词 Integrated Development Environment 的缩写，表示集成开发环境。集成开发环境是用于提供程序开发环境的应用程序，该程序一般包括代码编辑器、编译器、调试器和图形用户界面等工具。IDE 包含了程序编写过程中要用到的所有工具，所以我们一般在编写程序的时候都会选择用 IDE。

IDLE 是 IDE 中的一种，也是最简单、最基础的一种 IDE。当然了，IDE 中有很多种 IDLE，例如 Visual Studio（VS）、PyCharm、Xcode、Spyder、Jupyter Notebook 等。

现在数据分析领域，大家用得比较多的还是 Jupyter Notebook，本书使用的也是它。

2.3 介绍 Jupyter Notebook

2.3.1 新建 Jupyter Notebook 文件

在电脑搜索框中输入 Jupyter Notebook（不区分大小写），然后单击打开，如下图所示。

打开 Jupyter Notebook 后单击右上角的 New 按钮，在下拉列表中选择 Python 3 选项来创建一个 Python 文件，也可以选择 Text File 选项来创建一个.txt 格式的文件，如下图所示。

当你看到下面这个界面时就表示你新建了一个 Jupyer Notebook 文件。

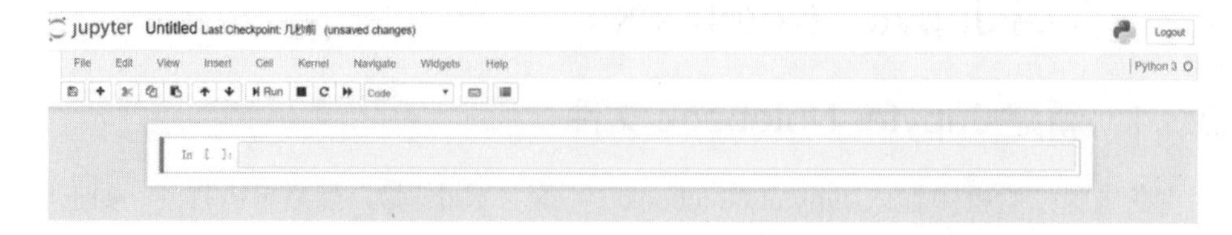

2.3.2 运行你的第一段代码

如下图所示，在代码框中输入一段代码 print("hello world")，然后单击 Run 按钮，或者按 Ctrl+Enter 组合键，就会输出 hello world，这就表示你的第一段代码运行成功了。当你想换一个代码框输入代码时，你可以通过单击左上角的“+”按钮来新增代码框。

2.3.3 重命名 Jupyter Notebook 文件

当新建一个 Jupyter Notebook 文件时，该文件名默认为 Untitled（类似于 Excel 中的工作簿），你可以单击 File>Rename 对该文件进行重命名，如下图所示。

2.3.4 保存 Jupyter Notebook 文件

代码写好了，文件名也确定了，这个时候就可以对该代码文件进行保存了。保存的方法有两种。

方法一，单击 File>Save and Checkpoint 保存文件，但是这种方法会将文件保存到默认路径下，且文件格式默认为 ipynb，ipynb 是 Jupyter Notebook 的专属文件格式。

方法二，选择 Download as 选项对文件进行保存，它相当于 Excel 中的“另存为”，你可以自己选择保存路径及保存格式，如下图所示。

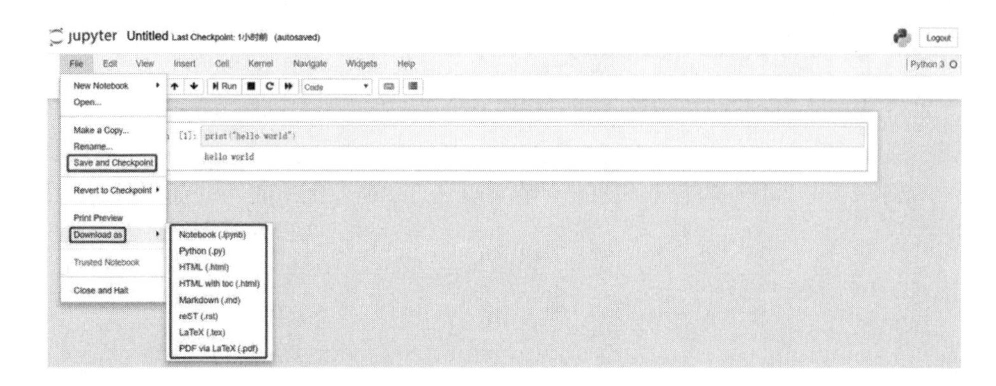

2.3.5 导入本地 Jupyter Notebook 文件

当收到 ipynb 文件时，如何在电脑上打开该文件呢？你可以按 Upload 按钮，找到文件所在位置，从而将文件加载到电脑的 Jupyter Notebook 文件中，如下图所示。

这个功能和 Excel 中的“打开”是类似的，如下图所示。

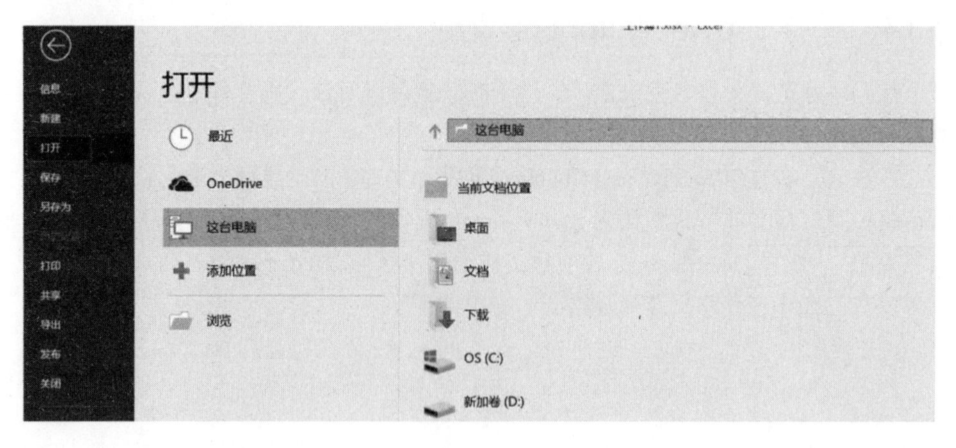

2.3.6 Jupyter Notebook 与 Markdown

Jupyter Notebook 的代码框默认是 code 模式的，即用于编程的，如下图所示。

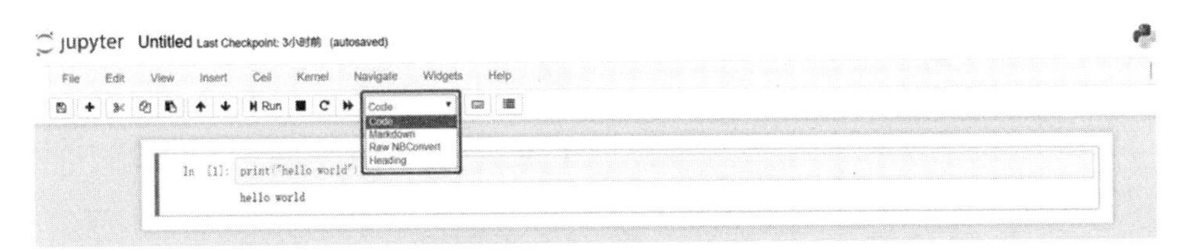

你也可以把 Jupyter Notebook 代码框的模式切换为 Markdown 模式，这个时候的代码框就会变成一个文本框，这个文本框的内容支持 Markdown 语法。当你做数据分析的时候，可以利用 Markdown 写下分析结果，如下图所示。

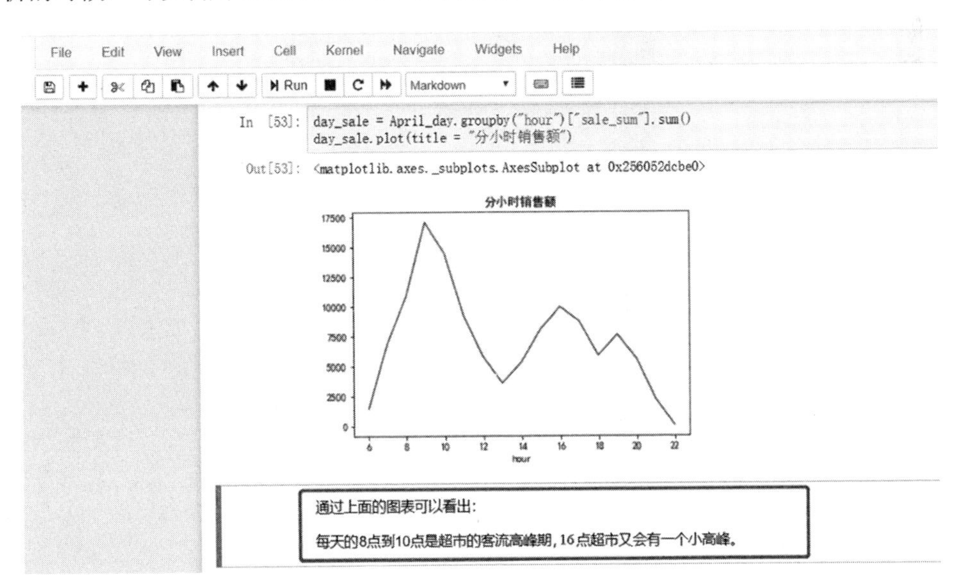

这也是 Jupyter Notebook 受广大数据从业者欢迎的一个原因。

2.3.7 为 Jupyter Notebook 添加目录

目录的作用是使对应的内容便于查找，一般篇幅比较长的内容都会有目录，比如书籍、毕业论文等。当一个程序中代码过多时，为了便于阅读，也可以为代码增加一个目录，下图左边框中的内容就是目录，你可以通过单击目录跳转到相应的代码部分。

目录不是 Jupyter Notebook 自带的，需要手动安装，具体安装过程如下。

Step1：在 Windows 搜索框中输入 Anaconda Prompt 并单击打开，如下图所示。

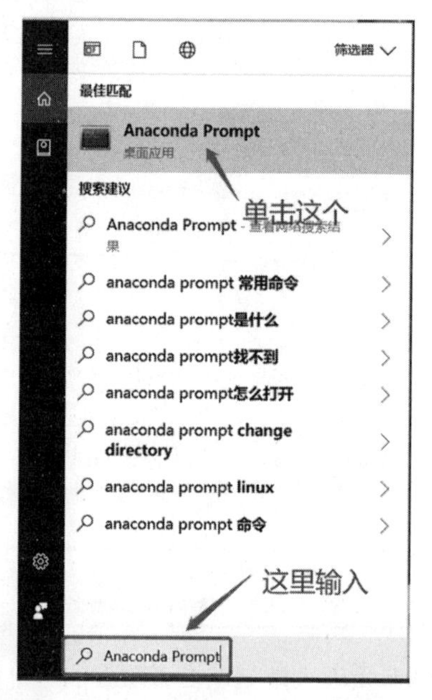

Step2：输入 pip install jupyter_contrib_nbextensions 然后按 Enter 键运行，安装 jupyter_contrib_nbextensions 模块，如下图所示。

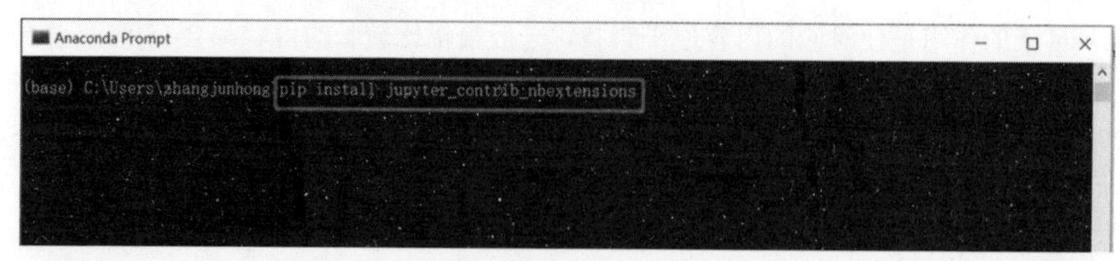

Step3：程序运行中途会出现 y/n 的选项，输入 y 并按 Enter 键运行，直到出现 Successfully installed 的提示，如下图所示。

```
pip uninstall jupyter_contrib_nbextensions
 c:\programdata\anaconda3\lib\site-packages\jupyter_contrib_nbextensions\nbextensions\varinspector\varinspector.yaml
 c:\programdata\anaconda3\lib\site-packages\jupyter_contrib_nbextensions\nbextensions\zenmode\images\back1.jpg
 c:\programdata\anaconda3\lib\site-packages\jupyter_contrib_nbextensions\nbextensions\zenmode\images\back11.jpg
 c:\programdata\anaconda3\lib\site-packages\jupyter_contrib_nbextensions\nbextensions\zenmode\images\back12.jpg
 c:\programdata\anaconda3\lib\site-packages\jupyter_contrib_nbextensions\nbextensions\zenmode\images\back2.jpg
 c:\programdata\anaconda3\lib\site-packages\jupyter_contrib_nbextensions\nbextensions\zenmode\images\back21.jpg
 c:\programdata\anaconda3\lib\site-packages\jupyter_contrib_nbextensions\nbextensions\zenmode\images\back22.jpg
 c:\programdata\anaconda3\lib\site-packages\jupyter_contrib_nbextensions\nbextensions\zenmode\images\back3.jpg
 c:\programdata\anaconda3\lib\site-packages\jupyter_contrib_nbextensions\nbextensions\zenmode\images\ipynblogo0.png
 c:\programdata\anaconda3\lib\site-packages\jupyter_contrib_nbextensions\nbextensions\zenmode\images\ipynblogo1.png
 c:\programdata\anaconda3\lib\site-packages\jupyter_contrib_nbextensions\nbextensions\zenmode\main.css
 c:\programdata\anaconda3\lib\site-packages\jupyter_contrib_nbextensions\nbextensions\zenmode\main.js
 c:\programdata\anaconda3\lib\site-packages\jupyter_contrib_nbextensions\nbextensions\zenmode\readme.md
 c:\programdata\anaconda3\lib\site-packages\jupyter_contrib_nbextensions\nbextensions\zenmode\zenmode.yaml
 c:\programdata\anaconda3\lib\site-packages\jupyter_contrib_nbextensions\templates\collapsible_headings.tpl
 c:\programdata\anaconda3\lib\site-packages\jupyter_contrib_nbextensions\templates\highlighter.tpl
 c:\programdata\anaconda3\lib\site-packages\jupyter_contrib_nbextensions\templates\highlighter.tplx
 c:\programdata\anaconda3\lib\site-packages\jupyter_contrib_nbextensions\templates\inliner.tpl
 c:\programdata\anaconda3\lib\site-packages\jupyter_contrib_nbextensions\templates\nbextensions.tpl
 c:\programdata\anaconda3\lib\site-packages\jupyter_contrib_nbextensions\templates\nbextensions.tplx
 c:\programdata\anaconda3\lib\site-packages\jupyter_contrib_nbextensions\templates\printviewlatex.tplx
 c:\programdata\anaconda3\lib\site-packages\jupyter_contrib_nbextensions\templates\toc2.tpl
 c:\programdata\anaconda3\scripts\jupyter-contrib-nbextension.exe
Proceed (y/n)? y
```

```
Anaconda Prompt
->nbconvert>=4.2->jupyter_contrib_nbextensions)
Requirement already satisfied: html5lib!=0.9999,!=0.99999,<0.99999999,>=0.999 in c:\programdata\anaconda3\lib\site-packa
ges (from bleach->nbconvert>=4.2->jupyter_contrib_nbextensions)
Requirement already satisfied: jedi>=0.10 in c:\programdata\anaconda3\lib\site-packages (from ipython->jupyter-latex-env
s>=1.3.8->jupyter_contrib_nbextensions)
Requirement already satisfied: pickleshare in c:\programdata\anaconda3\lib\site-packages (from ipython->jupyter-latex-en
vs>=1.3.8->jupyter_contrib_nbextensions)
Requirement already satisfied: simplegeneric>0.8 in c:\programdata\anaconda3\lib\site-packages (from ipython->jupyter-la
tex-envs>=1.3.8->jupyter_contrib_nbextensions)
Requirement already satisfied: prompt_toolkit<2.0.0,>=1.0.4 in c:\programdata\anaconda3\lib\site-packages (from ipython-
>jupyter-latex-envs>=1.3.8->jupyter_contrib_nbextensions)
Requirement already satisfied: colorama in c:\programdata\anaconda3\lib\site-packages (from ipython->jupyter-latex-envs>
=1.3.8->jupyter_contrib_nbextensions)
Requirement already satisfied: pyzmq>=13 in c:\programdata\anaconda3\lib\site-packages (from jupyter_client>=5.2.0->note
book>=4.0->jupyter_contrib_nbextensions)
Requirement already satisfied: python-dateutil>=2.1 in c:\programdata\anaconda3\lib\site-packages (from jupyter_client>=
5.2.0->notebook>=4.0->jupyter_contrib_nbextensions)
Requirement already satisfied: parso==0.1.* in c:\programdata\anaconda3\lib\site-packages (from jedi>=0.10->ipython->jup
yter-latex-envs>=1.3.8->jupyter_contrib_nbextensions)
Requirement already satisfied: wcwidth in c:\programdata\anaconda3\lib\site-packages (from prompt_toolkit<2.0.0,>=1.0.4-
>ipython->jupyter-latex-envs>=1.3.8->jupyter_contrib_nbextensions)
Installing collected packages: jupyter-highlight-selected-word, jupyter-contrib-nbextensions
  Found existing installation: jupyter-highlight-selected-word 0.1.0
    Uninstalling jupyter-highlight-selected-word-0.1.0:
      Successfully uninstalled jupyter-highlight-selected-word-0.1.0
Successfully installed jupyter-contrib-nbextensions-0.5.0 jupyter-highlight-selected-word-0.2.0
```

Step4：在 Step3 的基础上继续输入 jupyter contrib nbextension install --user 然后按 Enter 键进行用户配置，如下图所示。

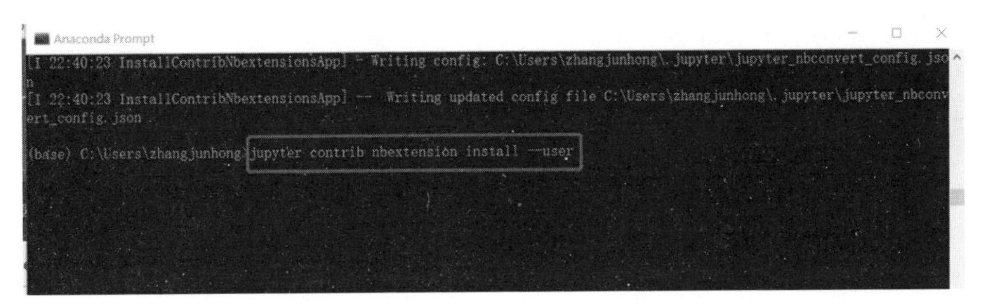

Step5：等 Step4 完成以后，打开 Jupyter Notebook 会看到界面上多了 Nbextensions 选项卡，如下图所示。

单击 Nbextensions 选项卡打开，勾选 Table of Contents(2)复选框，如下图所示。

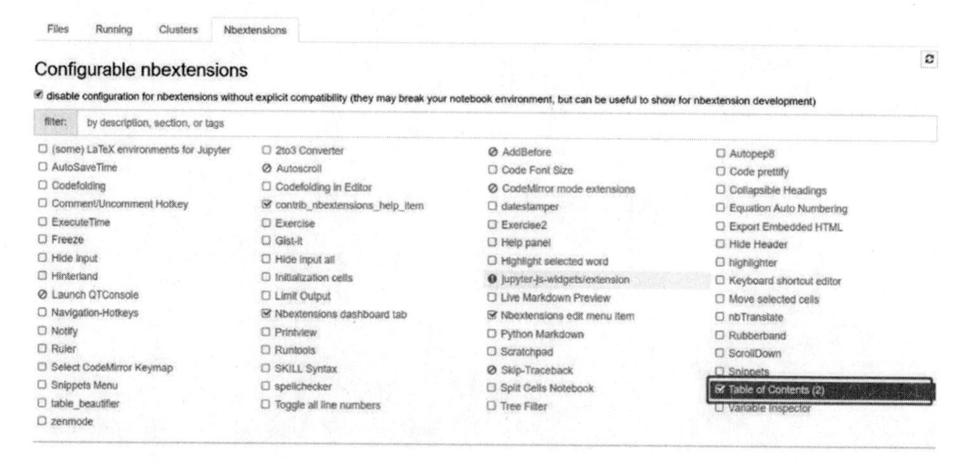

Step6：这个时候打开一个已经带有目录的 ipynb 文件，就会看到主界面多了一个方框内的按钮（如下图所示），但是仍然没有目录。

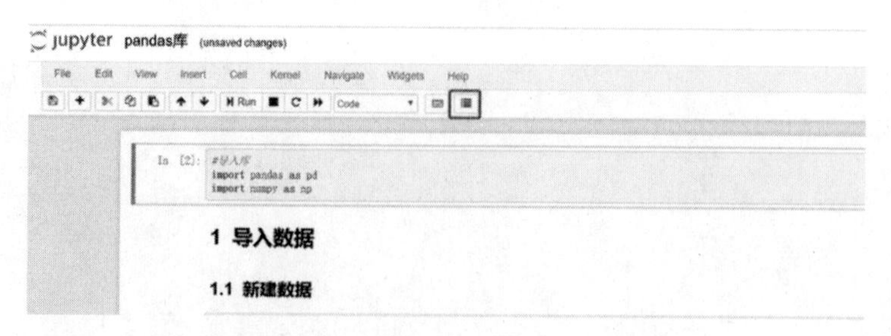

按下图右上角方框内的按钮，目录就会显示出来了，如下图所示。

Step1~Step6 为 Jupyter Notebook 创建了目录环境，下面介绍如何新建带有目录的文件。

Step1：将代码框格式选择为 Heading，如下图所示。

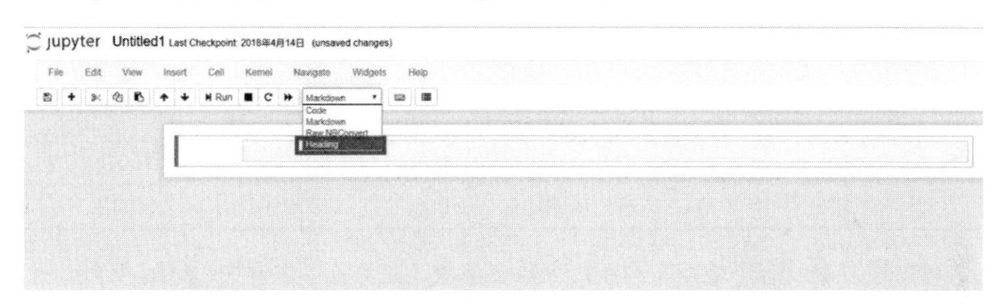

Step2：直接在代码框输入不同级别的标题，1 个#表示一级标题，2 个#表示二级标题，3 个#表示三级标题（注意，#与标题文字之间是有空格的），标题级别随着#数量的增加依次递减。

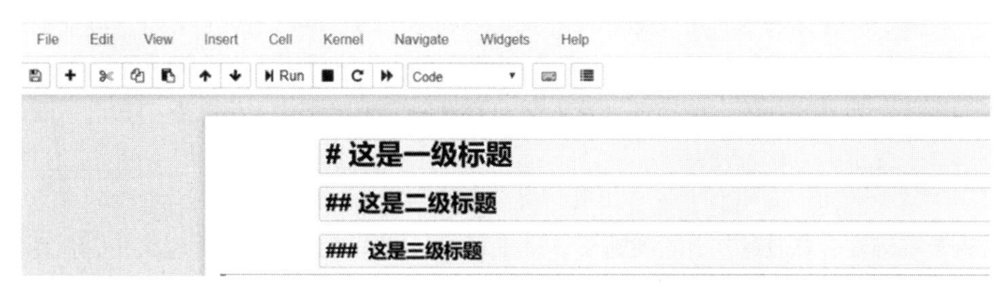

Step3：运行 Step2 的代码块，就可以得到如下图所示的结果。

2.4 基本概念

2.4.1 数

数就是日常生活中用到的数字，Python 中比较常用的就是整数和浮点数两种，如下表所示。

类　型	符　号	概　念	示　例
整数	int	就是生活中用到的整数	1、2、3……
浮点数	float	就是所谓的带有小数点的数	1.1、2.2、3.3……

可以通过有没有小数点来判断一个数是整数还是浮点数，例如，66 是整数，但是 66.0 就是浮点数。

2.4.2 变量

变量，即变化的量，可以把它理解成一个容器，这个容器里面可以放（存储）各种东西（数据），而且放的东西是可以变化的，在计算机中有很多个用来存放不同数据的容器，为了区分不同的容器，我们需要给这些容器起名字，也就是变量名，我们可以通过变量名来访问变量。

下图中的四个罐头瓶子就是四个容器，即四个变量，我们从左到右把它们依次命名为菠萝罐头、草莓罐头、黄桃罐头、桔子罐头。这样通过变量名就可以获取到具体变量了。

变量名和我们起名字一样，是有一定讲究的，Python 中定义变量名时，需要遵循以下原则。

- 变量名必须以字母或下划线（_）开始，名字中间只能由字母、数字和下画线组成。
- 变量名的长度不得超过 255 个字符。
- 变量名在有效的范围内必须是唯一的。
- 变量名不能是 Python 中的关键词。

Python 中的关键词如下所示。

```
and           elif          import        return
as            else          in            try
assert        except        is            while
break         finally       lambda        with
class         for           not           yield
continue      from          or
def           global        pass
del           if            raise
```

变量名是区分大小写的，例如 Var 和 var 就代表两个不同的变量。

2.4.3 标识符

标识符是用来标识某样东西名字的，在 Python 中用来标识变量名、符号常量名、函数名、数组名、文件名、类名、对象名等的。

标识符的命名需要遵循的规则与变量名命名遵循的规则一致。

2.4.4 数据类型

Python 中的数据类型主要有数和字符串两种，其中数包括整型和浮点型。我们可以使用 type()函数来查看具体值的数据类型。

```
>>>type(1)
int

>>>type(1.0)
float

>>>type("hello world")
str
```

在上面的代码中，1 是整型，type(1)运行结果为 int；1.0 是浮点型，type(1.0)运行结果为 float；"hello world"是字符串，type("hello world")运行结果为 str。

2.4.5 输出与输出格式设置

在 Python 中我们利用关键词 print 进行输出。

```
>>>print("hello world")
hello world
```

我们有的时候需要对输出格式做一定的设置，可以使用 str.format()方法进行设定。

其中 str 是一个字符串，将 format 里面的内容填充到 str 字符串的{}中，几种常用的主要形式如下所示。

- 一对一填充。

```
>>>print('我正在学习:{}'.format('python 基础知识'))
我正在学习:python 基础知识
```

- 多对多填充。

```
>>>print('我正在学习:{}中的{}'.format('python 数据分析','python 基础知识
'))
我正在学习:python 数据分析中的 python 基础知识
```

- 浮点数设置。

.2f 表示以浮点型展示，且显示小数点后两位，也可以是.3f 或者其他。

```
>>>print("{}约{:.2f}亿".format("2018 年中国单身人数",2))
2018 年中国单身人数约 2.00 亿
```

- 百分数设置。

.2%表示以百分比的形式展示，且显示小数点后两位，也可以是.3%或者其他。

```
>>>print("中国男性占总人口的比例:{:.2%}".format(0.519))
中国男性占总人口的比例:51.90%
```

2.4.6 缩进与注释

缩进

我们把代码的行首空白部分称为缩进，缩进的目的是为了识别代码块，即让程序知道该运行哪一部分，拿 if 条件语句来说，缩进是为了让程序知道当条件满足时该执行哪一块语句。在其他语言中一般用花括号表示缩进。行首只要有空格就算缩进，不管空格有几个，但是通常来说都是以 4 个空格作为缩进的，这样也方便阅读代码。

Python 中的函数、条件语句、循环语句中的语句块都需要缩进，如下图所示。

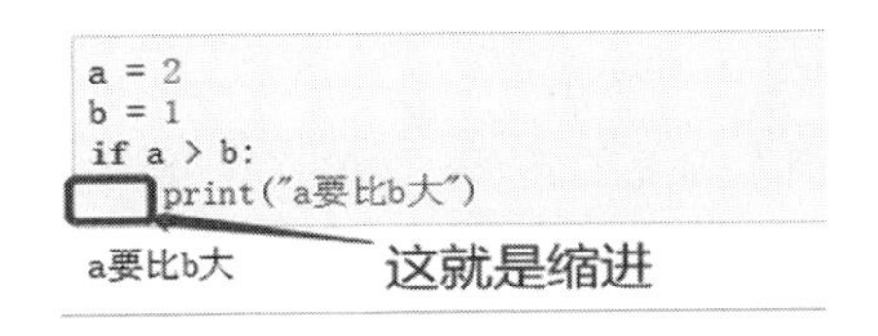

注释

注释对代码起到说明的作用，并不真正运行。单行注释以#开头，如下所示。

```
>>>#这是单行注释，不执行
>>>print("hello world")
hello world
```

多行注释可以用多个#、'''或者"""实现，如下所示。

```
#这是多行注释的第一行
#这是多行注释的第二行

'''
这是多行注释的第一行
这是多行注释的第二行
'''

"""
这是多行注释的第一行
这是多行注释的第二行
"""
>>>print("hello world")
hello world
```

2.5 字符串

2.5.1 字符串的概念

字符串是由零个或多个字符组成的有限串行，是用单引号或者双引号括起来的，符号是 str（string 的缩写）。下面这些都是字符串。

```
"hello world"
"黄桃罐头"
"桔子罐头"
"Python"
"123"
```

2.5.2 字符串的连接

字符串的连接是一个比较常见的需求，比如将姓和名进行连接。直接使用操作符+就可以将两个或者两个以上的字符串进行连接。

```
>>>"张" + "俊红"
'张俊红'
```

2.5.3 字符串的复制

有的时候我们需要把一个字符串重复多遍，比如你要把“Python 真强大”这句话重复三遍，可以使用操作符*对字符串进行重复。

```
>>>"Python 真强大"*3
'Python 真强大 Python 真强大 Python 真强大'
```

上面代码对字符串重复三遍，输入*3 就可以。你可以根据需要，重复多遍。

2.5.4 获取字符串的长度

手机号、身份证号、姓名都是字符串，想要知道这些字符串的长度，可以利用 len()函数来获取字符串长度。

```
#注：以下号码是随机生成的

#获取身份证号长度
>>>len("110101199003074477")
18

#获取手机号长度
>>>len("13013989981")
11
```

```
#获取姓名长度
>>>len("张俊红")
3
```

2.5.5 字符串查找

字符串查找是指查找某一个字符串是否包含在另一个字符串中，比如知道一个用户名，你想知道这个用户是不是测试账号（测试账号的判断依据是名字中包含测试两字），那么只要在名字中查找“测试”字符串即可。如果找到了，则说明该用户是测试账号；如果查找不到，则说明不是测试账号。用 in 或者 not in 这两种方法均可实现。

```
>>>"测试" in "新产品上线测试号"
True

>>>"测试" in "我是一个正常用户"
False

>>>"测试" not in "新产品上线测试号"
False

>>>"测试" not in "我是一个正常用户"
True
```

除了 in 和 not in，还可以用 find，当用 find 查找某一字符是否存在于某个字符串中时，如果存在则返回该字符的具体位置，如果不存在则返回-1，如下所示。

```
#字符 c 在字符串 Abc 中的第 3 位
>>>"Abc".find("c")
2
```

注意，因为在 Python 中位置是从 0 开始数的，所以第 3 位就是 2。

```
#字符 d 不存在于字符串 Abc 中
>>>"Abc".find("d")
-1
```

2.5.6 字符串索引

字符串索引是指通过字符串中值所处的位置对值进行选取。需要注意的是字符串中的位置是从 0 开始的。

获取字符串中第 1 位的值。

```
>>>a = "Python 数据分析"
>>>a[0]
'P'
```

获取字符串中第 4 位的值。

```
>>>a = "Python 数据分析"
>>>a[3] #获取字符串中第 4 位的值
'h'
```

获取字符串中第 2 位到第 4 位之间的值，且不包含第 4 位的值。

```
>>>a = "Python 数据分析"
>>>a[1:3]
'yt'
```

获取字符串中第 1 位到第 4 位之间的值，且不包含第 4 位的值，第 1 位可以省略不写。

```
>>>a = "Python 数据分析"
>>>a[:3]
'Pyt'
```

获取字符串中第 7 位到最后一位之间的值，最后一位可以省略不写。

```
>>>a = "Python 数据分析"
>>>a[6:]
'数据分析'
```

获取字符串中最后一位的值。

```
>>>a = "Python 数据分析"
>>>a[-1]
'析'
```

我们把上面这种通过具体某一个位置获取该位置的值的方式称为普通索引；把通过某一位置区间获取该位置区间内的值的方式称为切片索引。

2.5.7 字符串分隔

字符串分隔是先将一个字符用某个分隔符号分开，然后将分隔后的值以列表的形式返回，用到的是 split()函数。

```
#将字符串"a,b,c"用逗号进行分隔
>>>"a,b,c".split(",")
['a', 'b', 'c']
#将字符串"a|b|c"用|进行分隔
>>>"a|b|c".split("|")
['a', 'b', 'c']
```

2.5.8 移除字符

移除字符用到的方法是 strip()函数，该函数用来移除字符串首尾的指定字符，默认移除字符串首尾的空格或换行符：

```
#移除空格
>>>" a ".strip()
'a'
#移除换行符
>>>"\ta\t ".strip()
'a'
#移除指定字符 A
>>>"AaA".strip("A")
'a'
```

2.6 数据结构——列表

2.6.1 列表的概念

列表（list）是用来存储一组有序数据元素的数据结构，元素之间用逗号分隔。列表中的数据元素应该包括在方括号中，而且列表是可变的数据类型，一旦创建了一个列表，你可以添加、删除或者搜索列表中的元素。在方括号中的数据可以是 int 型，也可以是 str 型。

2.6.2 新建一个列表

新建列表的方法比较简单，直接将数据元素用方括号括起来就行，下面是几种常见类型列表的新建实例。

建立一个空列表

当方括号中没有任何数据元素时，列表就是一个空列表。

```
>>>null_list = []
```

建立一个 int 类型列表

当方括号的数据元素全部为 int 类型时，这个列表就是 int 类型列表。

```
>>>int_list = [1,2,3]
```

建立一个 str 类型列表

当方括号中的数据元素全部为 str 类型时，这个列表就是 str 类型列表。

```
>>>str_list = ["a","b","c"]
```

建立一个 int+str 类型列表

当方括号中的数据元素既有 int 类型，又有 str 类型时，这个列表就是 int+str 类型列表。

```
>>>int_str_list = [1,2,"a","b"]
```

2.6.3 列表的复制

列表的复制和字符串的复制类似，也是利用*操作符。

```
>>>int_list = [1,2,3]
>>>int_list*2
[1,2,3,1,2,3]

>>>str_list = ["a","b","c"]
>>>str_list*2
["a","b","c","a","b","c"]
```

2.6.4 列表的合并

列表的合并就是将两个现有的 list 合并在一起，主要有两种实现方式，一种是利用+操作符，它和字符串的连接一致；另外一种用的是 extend()函数。

直接将两个列表用+操作符连接即可达到合并的目的，列表的合并是有先后顺序的。

```
>>>int_list = [1,2,3]
>>>str_list = ["a","b","c"]
>>>int_list + str_list
[1,2,3,"a","b","c"]

>>>str_list + int_list
['a', 'b', 'c', 1, 2, 3]
```

将列表 B 合并到列表 A 中，用到的方法是 A.extend(B)，将列表 A 合并到列表 B 中，用到的方法是 B.extend(A)。

```
>>>int_list = [1,2,3]
>>>str_list = ["a","b","c"]
>>>int_list.extend(str_list)
>>>int_list
[1,2,3,"a","b","c"]

>>>int_list = [1,2,3]
>>>str_list = ["a","b","c"]
>>>str_list.extend(int_list)
>>>str_list
['a', 'b', 'c', 1, 2, 3]
```

2.6.5 向列表中插入新元素

列表是可变的，也就是当新建一个列表后你还可以对这个列表进行操作，对列表进行插入数据元素的操作主要有 append()和 insert()两个函数可用。这两个函数都会直接改变原列表，不会直接输出结果，需要调用原列表的列表名来获取插入新元素以后的列表。

函数 append()是在列表末尾插入新的数据元素。

```
>>>int_list = [1,2,3]
>>>int_list.append(4)
>>>int_list
[1,2,3,4]

>>>str_list = ["a","b","c"]
>>>str_list.append("d")
>>>str_list
["a","b","c","d"]
```

函数 insert()是在列表的指定位置插入新的数据元素。

```
>>>int_list = [1,2,3]
>>>int_list.insert(3,4)#表示在第 4 位插入元素 4
>>>int_list
[1,2,3,4]

>>>int_list = [1,2,3]
>>>int_list.insert(2,4)#表示在第 3 位插入元素 4
>>>int_list
[1,2,4,3]
```

2.6.6 获取列表中值出现的次数

利用 count()函数获取某个值在列表中出现的次数。

例如，全校成绩排名前 5 的 5 个学生对应的班级组成一个列表，想看一下你所在的班级（一班）有几个人在这个列表中。

```
>>>score_list = ["一班","一班","三班","二班","一班"]
>>>score_list.count("一班")
3
```

2.6.7 获取列表中值出现的位置

获取值出现的位置，就是看该值位于列表中的哪里。

已知公司的所有销售业绩是按降序排列的，想看一下杨新竹的业绩排在第几。

```
>>>sale_list = ["倪凌晓","侨星津","曹觅风","杨新竹","王元菱"]
>>>sale_list.index("杨新竹")
3
```

上面结果是 3，也就是杨新竹的业绩排第四名。

2.6.8 获取列表中指定位置的值

获取指定位置的值利用的方法和字符串索引是一致的，主要有普通索引和切片索引两种。

普通索引

普通索引是获取某一特定位置的数。

```
>>>v = ["a","b","c","d","e"]
>>>v[0]#获取第 1 位的数
'a'

>>>v[3]#获取第 4 位的数
'd'
```

切片索引

切片索引是获取某一位置区间内的数。

```
>>>i = ["a","b","c","d","e"]
>>>i[1:3]#获取第 2 位到第 4 位的数
['b','c']

>>>i[:3]#获取第 1 位到第 4 位的数，且不包含第 4 位
['a', 'b', 'c']

>>>i[3:]#获取第 4 位到最后一位的数
['d', 'e']
```

2.6.9 删除列表中的值

对列表中的值进行删除时，有 pop()和 remove()两个函数可用。

pop()函数是根据列表中的位置进行删除，也就是删除指定位置的值。

```
>>>str_list = ["a","b","c","d"]
>>>str_list.pop(1)#删除第 2 位的值
>>>str_list
['a', 'c', 'd']
```

remove()函数是根据列表中的元素进行删除，也就是删除某一元素。

```
>>>str_list = ["a","b","c","d"]
>>>str_list.remove("b")
>>>str_list
['a', 'c', 'd']
```

2.6.10 对列表中的值进行排序

对列表中的值排序利用的是 sort()函数，sort()函数默认采用升序排列。

```
>>>s = [1,3,2,4]
>>>s.sort()
>>>s
[1,2,3,4]
```

2.7 数据结构——字典

2.7.1 字典的概念

字典（dict）是一种键值对的结构，类似于通过联系人姓名查找地址和联系人详细情况的地址簿，即把键（名字）和值（详细情况）联系在一起。注意，键必须是唯一的，就像如果有两个人恰巧同名，那么你无法找到正确的信息一样。

键值对在字典中以{key1:value1,key2:value2}方式标记。注意，键值对内部用**冒号**分隔，而各个对之间用逗号分隔，所有这些都包括在**花括号**中。

2.7.2 新建一个字典

先创建一个空的字典，然后向该字典内输入值。下面新建一个通讯录。

```
>>>test_dict={}
>>>test_dict["张三"]=13313581900
>>>test_dict["李四"]=15517896750
>>>test_dict
{'张三': 13313581900, '李四': 15517896750}
```

将值直接以键值对的形式传入字典中。

```
>>>test_dict = {'张三': 13313581900, '李四': 15517896750}
>>>test_dict
{'张三': 13313581900, '李四': 15517896750}
```

将键值以列表的形式存放在元组中，然后用 dict()进行转换。

```
>>>contact=(["张三",13313581900],["李四",15517896750])
>>>test_dict=dict(contact)
>>>test_dict
{'张三': 13313581900, '李四': 15517896750}
```

2.7.3 字典的 keys()、values()和 items()方法

keys()方法用来获取字典内的所有键。

```
>>>test_dict = {'张三': 13313581900, '李四': 15517896750}
>>>test_dict.keys()
dict_keys(['张三', '李四'])
```

values()方法用来获取字典内的所有值。

```
>>>test_dict = {'张三': 13313581900, '李四': 15517896750}
>>>test_dict.values()
dict_values([13313581900, 15517896750])
```

items()方法用来得到一组组的键值对。

```
>>>test_dict = {'张三': 13313581900, '李四': 15517896750}
>>>test_dict.items()
dict_items([('张三', 13313581900), ('李四', 15517896750)])
```

2.8 数据结构——元组

2.8.1 元组的概念

元组（tuple）虽然与列表类似，但也有不同之处，元组的元素不能修改；元组使用小括号，而列表使用中括号。

2.8.2 新建一个元组

元组的创建比较简单，直接将一组数据元素用小括号括起来即可。

```
>>>tup = (1,2,3)
>>>tup
(1,2,3)

>>>tup = ("a","b","c")
>>>tup
 ('a','b','c')
```

2.8.3 获取元组的长度

获取元组长度的方法与获取列表长度的方法是一样的，都使用函数 len()。

```
>>>tup = (1,2,3)
>>>len(tup)
3

>>>tup = ("a","b","c")
>>>len(tup)
3
```

2.8.4 获取元组内的元素

元组内元素的获取方法主要分为普通索引和切片索引两种。

普通索引

```
>>>tup = (1,2,3,4,5)
>>>tup[2]
3

>>>tup = (1,2,3,4,5)
>>>tup[3]
4
```

切片索引

```
>>>tup = (1,2,3,4,5)
>>>tup[1:3]
(2,3)

>>>tup[:3]
(1,2,3)

>>>tup[1:]
(2,3,4,5)
```

2.8.5 元组与列表相互转换

元组和列表是两种相似的数据结构，两者经常互相转换。

使用函数 list()将元组转化为列表。

```
>>>tup = (1,2,3)
>>>list(tup)
[1,2,3]
```

使用函数 tuple()将列表转化为元组。

```
>>>t_list = [1,2,3]
>>>tuple(t_list)
(1,2,3)
```

2.8.6 zip()函数

zip()函数用于将可迭代的对象（列表、元组）作为参数，将对象中对应的元素打包成一个个元组，然后返回由这些元组组成的列表。zip()函数常与 for 循环一起搭配使用。

当可迭代对象是列表时：

```
>>>list_a = [1,2,3,4]
```

```
>>>list_b = ["a","b","c","d"]
>>>for i in zip(list_a,list_b):
       print(i)
(1, 'a')
(2, 'b')
(3, 'c')
(4, 'd')
```

当可迭代对象是元组时：

```
>>>list_a = (1,2,3,4)
>>>list_b = ("a","b","c","d")
>>>for i in zip(list_a,list_b):
       print(i)
(1, 'a')
(2, 'b')
(3, 'c')
(4, 'd')
```

2.9 运算符

2.9.1 算术运算符

算术运算就是常规的加、减、乘、除类运算。下表为基本的算术运算符及其示例。

运算符	描　述	示　例
+	两数相加	10 + 20 = 30
-	两数做差	10 - 20 = -10
*	两数相乘	10 * 20 = 200
/	两数相除	10 / 20 = 0.5
%	返回两数相除的余数	10 % 20 = 10
**	返回 x 的 y 次幂	10 ** 20 = 100000000000000000000
//	返回两数相除以后商的整数部分	10 // 20 = 0

2.9.2 比较运算符

比较运算符就是大于、等于、小于之类的，主要是用来做比较的，返回 True 或 False 的结果，常用的比较运算符如下表所示。

运算符	描　述	示　例
==	等于	(10 == 20)返回 False
!=	不等于	(10 != 20)返回 True
<>	不等于(<>在 python3.x 中已经取消)	(10 <> 20)返回 True

续表

运算符	描　述	示　例
>	大于	(10 > 20)返回 False
<	小于	(10 < 20)返回 True
>=	大于等于	(10 >= 20)返回 False
<=	小于等于	(10 <= 20)返回 True

2.9.3 逻辑运算符

逻辑运算符就是与、或、非，下表为逻辑运算符及其示例。

运算符	逻辑表达式	描　述	示　例
and	a and b	a 和 b 同时为真，结果才为真	((10 > 20) and (10 < 20))返回结果为 False
or	a or b	a 和 b 只要有一个为真，结果就为真	((10 > 20) or (10 < 20))返回结果为 True
not	not a	如果 a 为真，则返回 False，否则返回 True	not (10 > 20)返回结果为 True

2.10 循环语句

2.10.1 for 循环

for 循环用来遍历任何序列的项目，这个序列可以是一个列表也可以是一个字符串，针对这个序列中的每个项目去执行相应的操作。

举一个例子，一个数据分析师的必修课主要有 Excel、SQL、Python 和统计学，你要想成为一名数据分析师，那么这四门课是必须要学的，且学习顺序也应该是先 Excel，再 SQL，然后 Python，最后是统计学。依次学习这四门课的过程就是在遍历一个 for 循环。

```
>>>subject = ["Excel","SQL","Python","统计学"]
>>>for sub in subject:
       print("我目前正在学习：{}".format(sub))

我目前正在学习：Excel
我目前正在学习：SQL
我目前正在学习：Python
我目前正在学习：统计学
```

2.10.2 while 循环

while 循环用来循环执行某程序，即当条件满足时，一直执行某程序，直到条件不满足时，终止程序。

举一个例子，七周成为数据分析师，即只要你按课程表学习七周，你就算是一名数据分析师了，可以去找工作了。这里就是以你是否已经学习了七周作为判断条件，如果学习时间没有达到七周，那么你就需要一直学，直到学习时间大于七周，你才可以停止学习，去找工作了。用 while 语句执行时的具体流程如下图所示。

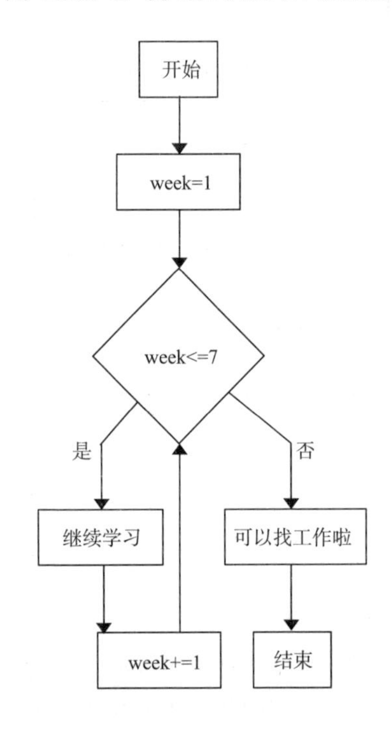

下面为其实现代码。

```
>>>week = 0#从 0 开始学
>>>while week <= 7:
       print("我已经学习数据分析{}周啦".format(week)) #这里需要缩进
       week += 1
>>>print("我已经学习数据分析{}周啦，我可以去找工作啦".format(week-1))

我已经学习数据分析 0 周啦
我已经学习数据分析 1 周啦
我已经学习数据分析 2 周啦
我已经学习数据分析 3 周啦
我已经学习数据分析 4 周啦
我已经学习数据分析 5 周啦
```

```
我已经学习数据分析 6 周啦
我已经学习数据分析 7 周啦
我已经学习数据分析 7 周啦，我可以去找工作啦
```

2.11 条件语句

2.11.1 if 语句

if 条件语句是程序先去判断某个条件是否满足，如果该条件满足，则执行判断语句后的程序。if 条件后面的程序需要首行缩进。

举一个例子，如果你好好学习数据分析师的必备技能，那么你就可以找到一份数据分析相关的工作，但是如果你不好好学习，那么你很难找到一份数据分析相关的工作。

我们用 1 表示好好学习，0 表示没有好好学习，并赋初值为 1，也就是假设你好好学习了。

当判断条件为是否好好学习时，具体流程如下图所示。

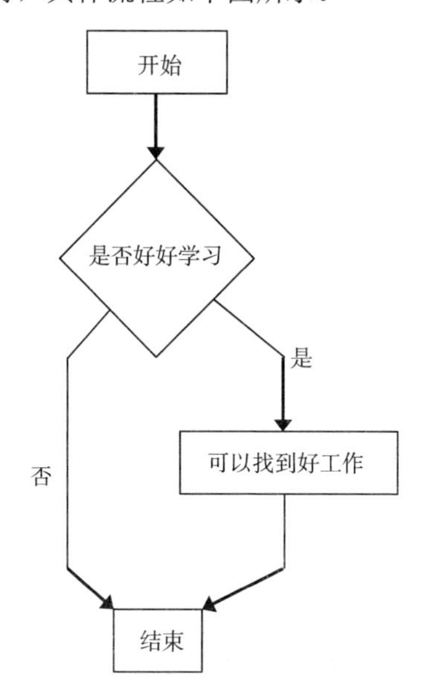

下面为其实现代码。

```
>>>is_study = 1
>>>if is_study == 1:
       print("可以找到好工作")#这里需要缩进
可以找到好工作
```

当判断条件为是否没有好好学习时，具体流程如下图所示。

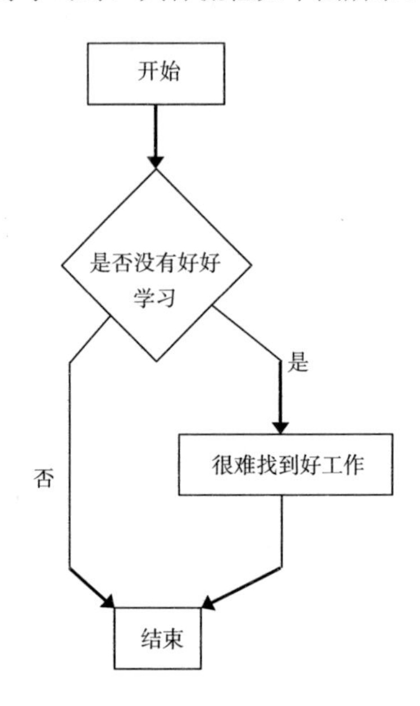

下面为其实现代码。

```
>>>is_study = 1
>>>if is_study == 0:
     print("很难找到好工作")#这里需要缩进
```

因为条件不满足，所以执行 if 条件后面的程序，即输出为空。

2.11.2 else 语句

else 语句是 if 语句的补充，if 条件只说明了当条件满足时程序做什么，没有说明当条件不满足时程序做什么。而 else 语句正好是用来说明当条件不满足时，程序做什么。

当判断条件为是否好好学习时，具体流程如下图所示。

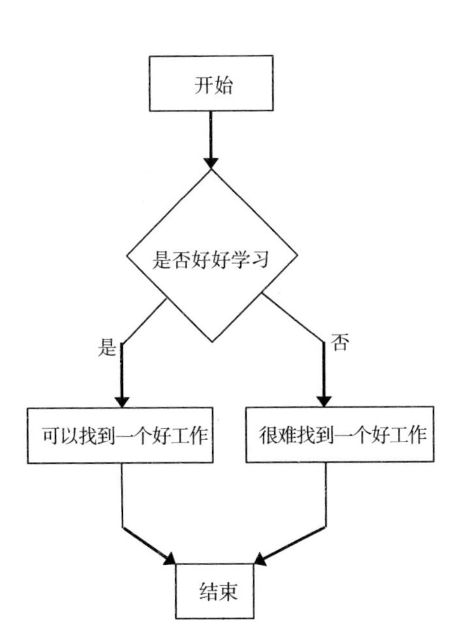

下面为其代码实现。

```
>>>is_study = 1
>>>if is_study == 1:
     print("可以找到一个好工作")
>>>else:
     print("很难找到一个好工作")
可以找到一个好工作
```

当判断条件为是否没有好好学习时，下面为其代码实现。

```
>>>is_study = 1
>>>if is_study == 0:
     print("很难找到一个好工作")
>>>else:
     print("可以找到一个好工作")
可以找到一个好工作
```

2.11.3 elif 语句

elif 语句可以近似理解成 else_if，前面提到的 if 语句、else 语句都只能对一条语句进行判断，但是当你需要对多条语句进行判断时，就可以用 elif 语句。

elif 中可以有 else 语句，也可以没有，但是必须有 if 语句，具体执行顺序是先判断 if 后面的条件是否满足，如果满足则运行 if 为真时的程序，结束循环；如果 if 条件不满足就去判断 elif 语句。可以有多个 elif 语句，但是只有 0 个或 1 个 elif 语句会被执行。

比如你要猜某个人考试考了多少分，你该怎么猜？先判断这个人是否及格（60 分为准），如果不及格，分数范围直接猜一个小于 60 分的即可，如果及格了再去判断他的分数到底在哪个分数段，具体流程如下图所示。

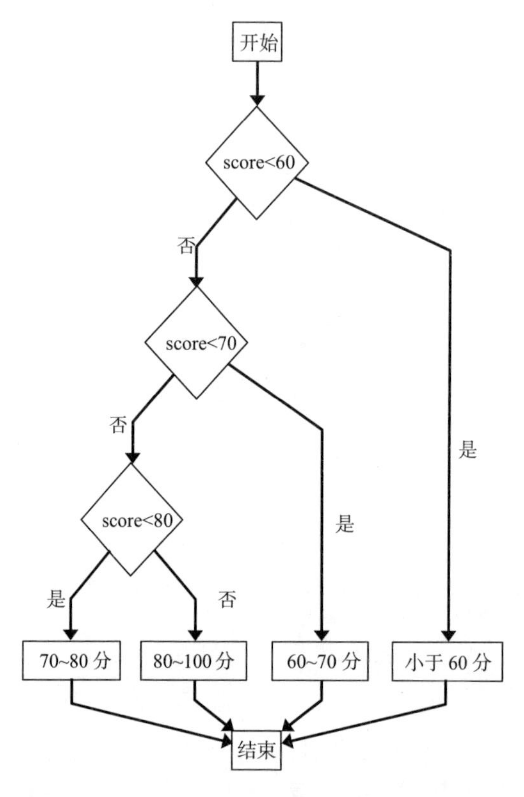

代码实现如下所示。

```
>>>if score < 60:
    print("小于 60 分")
>>>elif score < 70:
    print("60~70 分")
>>>elif score < 80:
    print("70~80 分")
>>>else:
    print("80~100 分")
```

2.12 函数

函数是在一个程序中可以被重复使用的一段程序。这段程序是由一块语句和一个名称组成的，只要函数定义好以后，你就可以在程序中通过该名字调用执行这段程序。

2.12.1 普通函数

普通函数一般由函数名（必需）、参数、语句块（必需）、return、变量这几部分组成。

函数定义语法如下所示。

```
def 函数名(参数):
    语句块
```

定义函数使用的关键词是 def，函数名后面的括号里面放参数（参数可以为空），参数后面要以冒号结尾，语句块要缩进四个空格，语句块是函数具体要做的事情。

定义一个名为 learn_python 的函数：

```
>>>def learn_python(location):
       print("我正在{}上学 Python".format(location)) #语句块

>>>learn_python("地铁") #调用函数
我正在地铁上学 Python

>>>learn_python("公交车") #调用函数
我正在公交车上学 Python

>>>learn_python("出租车") #调用函数
我正在出租车上学 Python
```

上面的函数利用函数名 learn_python 调用了多次 learn_python 对应的语句块。

函数的参数有形参（形式参数）和实参（实际参数）两种，在定义函数的时候使用的参数是形参，比如上面的 location；在调用函数时传递的参数是实参，比如上面的地铁。

上面语句块中直接执行了 print 操作，没有返回值，我们也可以利用 return 对语句块的运行结果进行返回。

定义一个含有 return 的函数：

```
>>>def learn_python(location):
    doing = ("我正在{}上学 Python".format(location)) #将运行结果赋值给
doing
    return doing #return 用来返回 doing 的结果

>>>learn_python("地铁")
我正在地铁上学 Python

>>>learn_python("公交车") #调用函数
```

```
我正在公交车上学 Python

>>>learn_python("出租车") #调用函数
我正在出租车上学 Python
```

这次调用函数以后，没有直接进行 print 操作，而是将运行结果利用 return 进行了返回。

定义一个含有多个参数的函数：

```
>>>def learn_python(location,people):
    doing = ("我正在{}上学 Python,人{}".format(location,people))
    return doing

>>>learn_python("地铁","很多")
我正在地铁上学 Python,人很多
```

2.12.2 匿名函数

匿名函数，顾名思义就是没有名字的函数，也就是省略了 def 定义函数的过程。lambda 只是一个表达式，没有函数体，lambda 使用方法如下：

```
lambda arg1,arg2,arg3,... : expression
```

arg1,arg2,arg3 表示具体的参数，expression 表示参数要执行的操作。

现在我们分别利用普通函数和匿名函数两种方式来建立一个两数相加的函数，让大家看看两者的不同。

普通函数如下：

```
>>>def two_sum(x,y):
      result = x + y
      return result

>>>two_sum(1,2)
3
```

匿名函数如下：

```
>>>f = lambda x,y:x+y
>>>f(1,2)
3
```

匿名函数比普通函数简洁得多，也是比较常用的，大家务必熟练掌握。

2.13 高级特性

2.13.1 列表生成式

现在有一个列表，你需要对该列表中的每个值求平方，然后将结果组成一个新列表。我们先看看普通方法怎么实现。

普通方法实现如下：

```
>>>num = [1,2,3,4,5]
>>>new = []#创建一个空列表来存放计算后的结果
>>>for i in num:
      new.append(i**2)
>>>new
[1,4,9,16,25]
```

列表生成式实现如下：

```
>>>num = [1,2,3,4,5]
>>>[i**2 for i in num]
[1,4,9,16,25]
```

上面的需求比较简单，你可能没有领略到列表生成式的妙用。我们再来看一些比较复杂的需求。

现在有两个列表，需要把这两个列表中的值两两组合，我们分别用普通方法和列表生成式实现一下。

普通方法实现如下：

```
>>>list1 = ["A","B","C"]
>>>list2 = ["a","b","c"]
>>>new = []
>>>for m in list1:
      for n in list2:
          new.append(m+n)
>>>new
['Aa', 'Ab', 'Ac', 'Ba', 'Bb', 'Bc', 'Ca', 'Cb', 'Cc']
```

列表生成式实现如下：

```
>>>list1 = ["A","B","C"]
>>>list2 = ["a","b","c"]
>>>[m + n for m in list1 for n in list2]
['Aa', 'Ab', 'Ac', 'Ba', 'Bb', 'Bc', 'Ca', 'Cb', 'Cc']
```

上面的需求用普通方法要嵌套两个 for 循环，但是用列表生成式只要一行代码即可。如果数据量很小，那么 for 循环嵌套运行速度还行；如果数据量很大，那么 for 循环嵌套太多程序，运行就会变得很慢。

2.13.2 map 函数

map 函数的表现形式是 map(function,agrs)，表示对序列 args 中的每个值进行 function 操作，最终得到一个结果序列。

```
>>>a = map(lambda x,y:x+y,[1,2,3],[3,2,1])
>>>a
<map at 0x1b0260d29b0>

>>>for i in a:
       print(i)
4
4
4
```

map 函数生成的结果序列不会直接把全部结果显示出来，要想获取到结果需要 for 循环遍历取出来。也可以使用 list 方法，将结果值生成一个列表。

```
>>>b = list(map(lambda x,y:x+y,[1,2,3],[3,2,1]))
>>>b
[4,4,4]
```

2.14 模块

模块是升级版的函数，我们前面说过，在一段程序中可以通过函数名多次调用函数，但是必须在定义函数的这段程序里面调用，如果换到其他程序里该函数就不起作用了。

模块之所以是升级版的函数，是因为在任意程序中都可以通过模块名去调用该模块对应的程序。

你要调用函数首先需要定义一个函数，同理，你要调用模块，首先需要导入模块，导入模块的方法主要有两种。

```
import module_name #直接 import 具体的模块名

from module1 import module2 #从一个较大的模块中 import 一个较小的模块
```

数据分析领域用得比较多的三个模块分别是 NumPy、Pandas、matplotlib，Python 中还有很多类似的模块，正是因为这类模块的存在，使得 Python 变得很简单，受到越来越多人的欢迎。

第 3 章

Pandas 数据结构

前面讲了 Python 的基础知识，从这一章开始进入正式的数据分析过程中，主要讲述每个数据分析过程都会用到什么操作，这些操作用 Excel 是怎么实现的，如果用 Python，那么代码应该怎么写。

接下来的几章会用到 Pandas、NumPy、matplotlib 这几个模块，在使用它们之前我们要先将其导入，导入方法在 Python 基础知识部分讲过，一个程序中只需要导入一次即可。

```
>>>import pandas as pd
>>>import numpy as np
>>>import matplotlib.pyplot as plt
```

为了在引用模块时书写方便，上面的代码中用 as 分别给这几个模块起了别名。所以在本书中见到 pd 就是代表 Pandas，见到 np 就是代表 NumPy，见到 plt 就是代表 matplotlib.pyplot。

3.1 Series 数据结构

3.1.1 Series 是什么

Series 是一种类似于一维数组的对象，由一组数据及一组与之相关的数据标签（即索引）组成。

```
0 A
1 B
2 C
3 D
4 E
dtype: object
```

上面这样的数据结构就是 Series，第一列数字是数据标签，第二列是具体的数据，数据标签与数据是一一对应的。上面的数据用 Excel 表展示如下表所示。

数据标签	数　据
0	A
1	B
2	C
3	D
4	E

3.1.2 创建一个 Series

创建一个 Series 利用的方法是 pd.Series()，通过给 Series()方法传入不同的对象即可实现。

传入一个列表

传入一个列表的实现如下所示。

```
>>>import pandas as pd
>>>S1 = pd.Series(["a","b","c","d"])
>>>S1
0    a
1    b
2    c
3    d
dtype: object
```

如果只是传入一个列表不指定数据标签，那么 Series 会默认使用从 0 开始的数做数据标签，上面的 0、1、2、3 就是默认的数据标签。

指定索引

直接传入一个列表会使用默认索引，也可以通过设置 index 参数来自定义索引。

```
>>>S2 = pd.Series([1,2,3,4],index = ["a","b","c","d"])
>>>S2
a    1
b    2
c    3
d    4
dtype: int64
```

传入一个字典

也可以将数据与数据标签以 key:value（字典）的形式传入，这样字典的 key 值就是数据标签，value 就是数据值。

```
>>>S3 = pd.Series({"a":1,"b":2,"c":3,"d":4})
>>>S3
```

```
a    1
b    2
c    3
d    4
dtype: int64
```

3.1.3 利用 index 方法获取 Series 的索引

获取一组数据的索引是比较常见的需求，直接利用 index 方法就可以获取 Series 的索引值，代码如下所示。

```
>>>S1.index
RangeIndex(start=0, stop=4, step=1)
>>>S2.index
Index(['a', 'b', 'c', 'd'], dtype='object')
```

3.1.4 利用 values 方法获取 Series 的值

与索引值对应的就是获取 Series 的值，使用的方法是 values 方法。

```
>>>S1.values
array(['a', 'b', 'c', 'd'], dtype=object)
>>>S2.values
array([1, 2, 3, 4], dtype=int64)
```

3.2 DataFrame 表格型数据结构

3.2.1 DataFrame 是什么

Series 是由一组数据与一组索引（行索引）组成的数据结构，而 DataFrame 是由一组数据与一对索引（行索引和列索引）组成的表格型数据结构。之所以叫表格型数据结构，是因为 DataFrame 的数据形式和 Excel 的数据存储形式很相近，接下来的章节主要围绕 DataFrame 这种表格型数据结构展开。下面就是一个简单的 DataFrame 数据结构。

```
     技能
第一  Excel
第二  SQL
第三  Python
第四  PPT
```

上面这种数据结构和 Excel 的数据结构很像，既有行索引又有列索引，由行索引和列索引确定唯一值。如果把上面这种结构用 Excel 表展示如下表所示。

	技　能
第一	Excel
第二	SQL
第三	Python
第四	PPT

3.2.2　创建一个 DataFrame

创建 DataFrame 使用的方法是 pd.DataFrame()，通过给 DataFrame()方法传入不同的对象即可实现。

传入一个列表

传入一个列表的实现如下所示。

```
>>>import pandas as pd
>>>df1 = pd.DataFrame(["a","b","c","d"])
>>>df1
   0
0  a
1  b
2  c
3  d
```

只传入一个单一列表时，该列表的值会显示成一列，且行和列都是从 0 开始的默认索引。

传入一个嵌套列表

```
>>>df2 = pd.DataFrame([["a","A"],["b","B"],["c","C"],["d","D"]])
>>>df2
   0  1
0  a  A
1  b  B
2  c  C
3  d  D
```

当传入一个嵌套列表时，会根据嵌套列表数显示成多列数据，行、列索引同样是从 0 开始的默认索引。列表里面嵌套的列表也可以换成元组。

```
>>>df2 = pd.DataFrame([("a","A"),("b","B"),("c","C"),("d","D")])
>>>df2
   0  1
0  a  A
1  b  B
2  c  C
3  d  D
```

指定行、列索引

如果只给DataFrame()方法传入列表，DataFrame()方法的行、列索引都是默认值，则可以通过设置columns参数自定义列索引，设置index参数自定义行索引。

```
#设置列索引
>>>df31 = pd.DataFrame([["a","A"],["b","B"],["c","C"],["d","D"]],
    columns = ["小写","大写"])
>>>df31

   小写 大写
0   a   A
1   b   B
2   c   C
3   d   D
#设置行索引
>>>df32 = pd.DataFrame([["a","A"],["b","B"],["c","C"],["d","D"]],
    index = ["一","二","三","四"])
>>>df32

     0   1
一   a   A
二   b   B
三   c   C
四   d   D
#行、列索引同时设置
>>>df33 = pd.DataFrame([["a","A"],["b","B"],["c","C"],["d","D"]],
    columns = ["小写","大写"],
    index = ["一","二","三","四"])
>>>df33

   小写 大写
一   a   A
二   b   B
三   c   C
四   d   D
```

传入一个字典

传入一个字典的实现如下所示。

```
>>>data = {"小写":["a","b","c","d"],"大写":["A","B","C","D"]}
>>>df41 = pd.DataFrame(data)
>>>df41
   大写 小写
0   A   a
1   B   b
2   C   c
3   D   d
```

直接以字典的形式传入 DataFrame 时，字典的 key 值就相当于列索引，这个时候如果没有设置行索引，行索引还是使用从 0 开始的默认索引，同样可以使用 index 参数自定义行索引，代码如下：

```
>>>data = {"小写":["a","b","c","d"],"大写":["A","B","C","D"]}
>>>df42 = pd.DataFrame(data,index = ["一","二","三","四"])
>>>df42
   大写 小写
一   A   a
二   B   b
三   C   c
四   D   d
```

3.2.3 获取 DataFrame 的行、列索引

利用 columns 方法获取 DataFrame 的列索引。

```
>>>df2.columns
RangeIndex(start=0, stop=2, step=1)
>>>df33.columns
Index(['小写', '大写'], dtype='object')
```

利用 index 方法获取 DataFrame 的行索引。

```
>>>df2.index
RangeIndex(start=0, stop=4, step=1)
>>>df33.index
Index(['一', '二', '三', '四'], dtype='object')
```

3.2.4 获取 DataFrame 的值

获取 DataFrame 的值就是获取 DataFrame 中的某些行或列，有关行、列的选择在第 6 章会有详细讲解。

第 4 章

准备食材——获取数据源

俗话说，巧妇难为无米之炊。不管你厨艺多好，如果没有食材，也做不出饭菜来，所以要想做出饭菜来，首先要买米买菜。而数据分析就好比做饭，首先也应该是准备食材，即获取数据源。

4.1 导入外部数据

导入数据主要用到的是 Pandas 里的 read_x()方法，x 表示待导入文件的格式。

4.1.1 导入.xlsx 文件

在 Excel 中导入.xlsx 格式的文件很简单，双击打开即可。在 Python 中导入.xlsx 文件的方法是 read_excel()。

基本导入

在导入文件时首先要指定文件路径，也就是这个文件在电脑中的哪个文件夹下存着。

```
>>>import pandas as pd
>>>df = pd.read_excel(r"C:\Users\zhangjunhong\Desktop\test.xlsx")
>>>df
   编号   年龄    性别    注册时间
0  A1    54     男     2018-08-08
1  A2    16     女     2018-08-09
2  A3    47     女     2018-08-10
3  A4    41     男     2018-08-11
```

电脑中的文件路径默认使用\，这个时候需要在路径前面加一个 r（转义符）避免路径里面的\被转义。也可以不加 r，但是需要把路径里面的所有\转换成/，这个规则在导入其他格式文件时也是一样的，我们一般选择在路径前面加 r。

```
#路径前面不加 r
>>>df = pd.read_excel("C:/Users/zhangjunhong/Desktop/test.xlsx")
>>>df
```

```
   编号    年龄    性别    注册时间
0  A1     54     男     2018-08-08
1  A2     16     女     2018-08-09
2  A3     47     女     2018-08-10
3  A4     41     男     2018-08-11
```

指定导入哪个 Sheet

.xlsx 格式的文件可以有多个 Sheet，你可以通过设定 sheet_name 参数来指定要导入哪个 Sheet 的文件。

```
>>>df = pd.read_excel("C:/Users/zhangjunhong/Desktop/test.xlsx",
  sheet_name = "Sheet1")
>>>df
   编号    年龄    性别    注册时间
0  A1     54     男     2018-08-08
1  A2     16     女     2018-08-09
2  A3     47     女     2018-08-10
3  A4     41     男     2018-08-11
```

除了可以指定具体 Sheet 的名字，还可以传入 Sheet 的顺序，从 0 开始计数。

```
>>>df = pd.read_excel("C:/Users/zhangjunhong/Desktop/test.xlsx",
  sheet_name = 0)
>>>df
   编号    年龄    性别    注册时间
0  A1     54     男     2018-08-08
1  A2     16     女     2018-08-09
2  A3     47     女     2018-08-10
3  A4     41     男     2018-08-11
```

如果不指定 sheet_name 参数时，那么默认导入的都是第一个 Sheet 的文件。

指定行索引

将本地文件导入 DataFrame 时，行索引使用的从 0 开始的默认索引，可以通过设置 index_col 参数来设置。

```
>>>df = pd.read_excel("C:/Users/zhangjunhong/Desktop/test.xlsx",
  sheet_name = 0,index_col = 0)
>>>df
    年龄    性别    注册时间
编号
A1  54     男     2018-08-08
A2  16     女     2018-08-09
A3  47     女     2018-08-10
A4  41     男     2018-08-11
```

index_col 表示用.xlsx 文件中的第几列做行索引，从 0 开始计数。

指定列索引

将本地文件导入 DataFrame 时，默认使用源数据表的第一行作为列索引，也可以通过设置 header 参数来设置列索引。header 参数值默认为 0，即用第一行作为列索引；也可以是其他行，只需要传入具体的那一行即可；也可以使用默认从 0 开始的数作为列索引。

```
#使用第一行作为列索引
>>>df = pd.read_excel("C:/Users/zhangjunhong/Desktop/test.xlsx",
  sheet_name = 0,header = 0)
>>>df
   编号    年龄     性别      注册时间
0   A1      54      男        2018-08-08
1   A2      16      女        2018-08-09
2   A3      47      女        2018-08-10
3   A4      41      男        2018-08-11
#使用第二行作为列索引
>>>df = pd.read_excel("C:/Users/zhangjunhong/Desktop/test.xlsx",
  sheet_name = 0,header = 1)
>>>df
   A1      54      男        2018-08-08
1   A2      16      女        2018-08-09
2   A3      47      女        2018-08-10
3   A4      41      男        2018-08-11
#使用默认从 0 开始的数作为列索引
>>>df = pd.read_excel("C:/Users/zhangjunhong/Desktop/test.xlsx",
  sheet_name = 0,header = None)
>>>df
   0       1       2        3
0   编号    年龄     性别      注册时间
1   A1      54      男        2018-08-08
2   A2      16      女        2018-08-09
3   A3      47      女        2018-08-10
4   A4      41      男        2018-08-11
```

指定导入列

有的时候本地文件的列数太多，而我们又不需要那么多列时，我们就可以通过设定 usecols 参数来指定要导入的列。

```
>>>df = pd.read_excel("C:/Users/zhangjunhong/Desktop/test.xlsx",
  usecols = 0)
>>>df
   编号
0   A1
1   A2
2   A3
3   A4
```

可以给 usecols 参数具体的某个值，表示要导入第几列，同样是从 0 开始计数，也可以以列表的形式传入多个值，表示要传入哪些列。

```
>>>df = pd.read_excel("C:/Users/zhangjunhong/Desktop/test.xlsx",
  usecols = [0,2])
>>>df
   编号      性别
0  A1       男
1  A2       女
2  A3       女
3  A4       男
```

4.1.2 导入.csv 文件

在 Excel 中导入.csv 格式的文件和打开.xlsx 格式的文件一样，双击即可。而在 Python 中导入.csv 文件用的方法是 read_csv()。

直接导入

只需要指明文件路径即可。

```
>>>import pandas as pd
>>>df = pd.read_csv(r"C:\Users\zhangjunhong\Desktop\test.csv")
>>>df
   编号    年龄    性别    注册时间
0  A1     54     男     2018/8/8
1  A2     16     女     2018/8/9
2  A3     47     女     2018/8/10
3  A4     41     男     2018/8/11
```

指明分隔符号

在 Excel 和 DataFrame 中的数据都是很规整的排列的，这都是工具在后台根据某条规则进行切分的。read_csv()默认文件中的数据都是以逗号分开的，但是有的文件不是用逗号分开的，这个时候就需要人为指定分隔符号，否则就会报错。

新建一个以空格作为分隔符号的文件，如下所示。

```
编号 年龄  性别  注册时间
A1   54   男   2018/8/8
A2   16   女   2018/8/9
A3   47   女   2018/8/10
A4   41   男   2018/8/11
```

如果用默认的逗号作为分隔符号，看看导入的数是什么样的。

```
>>>df = pd.read_csv(r"C:\Users\zhangjunhong\Desktop\test1.csv")
>>>df
   编号年龄性别注册时间
```

```
0    A1 54 男 2018/8/8
1    A2 16 女 2018/8/9
2    A3 47 女 2018/8/10
3    A4 41 男 2018/8/11
```

我们看到所有的数据还是一个整体，并没有被分开，把分隔符号换成空格以后再看看效果：

```
>>>df = pd.read_csv(r"C:\Users\zhangjunhong\Desktop\test1.csv",sep
= " ")
>>>df

     编号     年龄     性别     注册时间
0    A1      54      男       2018/8/8
1    A2      16      女       2018/8/9
2    A3      47      女       2018/8/10
3    A4      41      男       2018/8/11
```

使用正确的分隔符号以后，数据被规整地分好了。常见的分隔符号除了逗号、空格，还有制表符（\t）。

指明读取行数

假设现在有一个几百兆的文件，你想了解一下这个文件里有哪些数据，那么这个时候你就没必要把全部数据都导入，你只要看到前面几行即可，因此只要设置 nrows 参数即可。

```
>>>df = pd.read_csv(r"C:\Users\zhangjunhong\Desktop\test1.csv",
   sep = " ",nrows = 2)
>>>df

    编号  年龄  性别  注册时间
0   A1    54    男   2018/8/8
1   A2    16    女   2018/8/9
```

指定编码格式

Python 用得比较多的两种编码格式是 UTF-8 和 gbk，默认编码格式是 UTF-8。我们要根据导入文件本身的编码格式进行设置，通过设置参数 encoding 来设置导入的编码格式。有的时候两个文件看起来一样，它们的文件名一样，格式也一样，但如果它们的编码格式不一样，也是不一样的文件，比如当你把一个 Excel 文件另存为时会出现两个选项，虽然都是.csv 文件，但是这两种格式代表两种不同的文件，如下图所示。

Excel 工作簿(*.xlsx)
Excel 工作簿(*.xlsx)
Excel 启用宏的工作簿(*.xlsm)
Excel 二进制工作簿(*.xlsb)
Excel 97-2003 工作簿(*.xls)
CSV UTF-8 (逗号分隔) (*.csv)
XML 数据(*.xml)
单个文件网页(*.mht;*.mhtml)
网页(*.htm;*.html)
Excel 模板(*.xltx)
Excel 启用宏的模板(*.xltm)
Excel 97-2003 模板(*.xlt)
文本文件(制表符分隔)(*.txt)
Unicode 文本(*.txt)
XML 电子表格 2003 (*.xml)
Microsoft Excel 5.0/95 工作簿(*.xls)
CSV (逗号分隔)(*.csv)
带格式文本文件(空格分隔)(*.prn)
DIF (数据交换格式)(*.dif)
SYLK (符号链接)(*.slk)
Excel 加载宏(*.xlam)
Excel 97-2003 加载宏(*.xla)
PDF (*.pdf)
XPS 文档(*.xps)
Strict Open XML 电子表格(*.xlsx)
OpenDocument 电子表格(*.ods)

如果是 CSV UTF-8(逗号分隔)(*.csv)格式的文件，那么导入时就需要加 encoding 参数。

```
>>>df1 = pd.read_csv(r"C:\Users\zhangjunhong\Desktop\test2.csv",
  encoding = "utf-8")
>>>df1
   编号  年龄  性别  注册时间
0  A1    54   男    2018/8/8
1  A2    16   女    2018/8/9
2  A3    47   女    2018/8/10
3  A4    41   男    2018/8/11
```

你也可以不加 encoding 参数，因为 Python 默认的编码格式就是 UTF-8。

```
>>>df1 = pd.read_csv(r"C:\Users\zhangjunhong\Desktop\test2.csv")
>>>df1
   编号  年龄  性别  注册时间
0  A1    54   男    2018/8/8
1  A2    16   女    2018/8/9
2  A3    47   女    2018/8/10
3  A4    41   男    2018/8/11
```

如果是 CSV(逗号分隔) (*.csv)格式的文件，那么在导入的时候就需要把编码格式更改为 gbk，如果使用 UTF-8 就会报错。

```
>>>df1 = pd.read_csv(r"C:\Users\zhangjunhong\Desktop\test3.csv",
  encoding = "gbk")
>>>df1
   编号  年龄  性别  注册时间
0  A1    54   男    2018/8/8
1  A2    16   女    2018/8/9
2  A3    47   女    2018/8/10
3  A4    41   男    2018/8/11
```

engine 指定

当文件路径或者文件名中包含中文时，如果还用上面的导入方式就会报错。

```
>>>df1 = pd.read_csv(r"C:\Users\zhangjunhong\Desktop\新建文件夹\test.csv")
>>>df1
OSError                             Traceback (most recent call last)
<ipython-input-147-87fc2d876174> in <module>()
----> 1 df1 = pd.read_csv(r"C:\Users\zhangjunhong\Desktop\新建文件夹\test.csv")
      2 df1
OSError: Initializing from file failed
```

这个时候我们就可以通过设置 engine 参数来消除这个错误。这个错误产生的原因是当调用 read_csv()方法时，默认使用 C 语言作为解析语言，我们只需要把默认值 C 更改为 Python 就可以了，如果文件格式是 CSV UTF-8(逗号分隔)(*.csv)，那么编码格式也需要跟着变为 utf-8-sig，如果文件格式是 CSV(逗号分隔)(*.csv)格式，对应的编码格式则为 gbk。

```
>>>df1 = pd.read_csv(r"C:\Users\zhangjunhong\Desktop\新建文件夹\test.csv",
  engine = "python",encoding = "utf-8-sig")
>>>df1
   编号  年龄  性别  注册时间
0  A1    54   男    2018/8/8
1  A2    16   女    2018/8/9
2  A3    47   女    2018/8/10
3  A4    41   男    2018/8/11
```

其他

.csv 文件也涉及行、列索引设置及指定导入某列或某几列，设定方法与导入.xlsx 文件一致。

4.1.3 导入.txt 文件

Excel 实现

在 Excel 中导入.txt 文件时，我们需要通过依次单击菜单栏中的数据>获取外部数据>自文本，然后选择要导入的.txt 文件所在的路径，如下图所示。

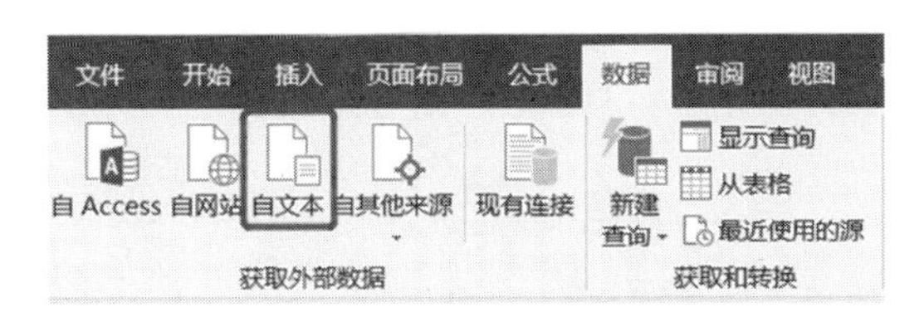

选完路径以后会出现如下图所示界面，预览文件就是我们要导入的文件，确任无误后按下一步按钮即可。

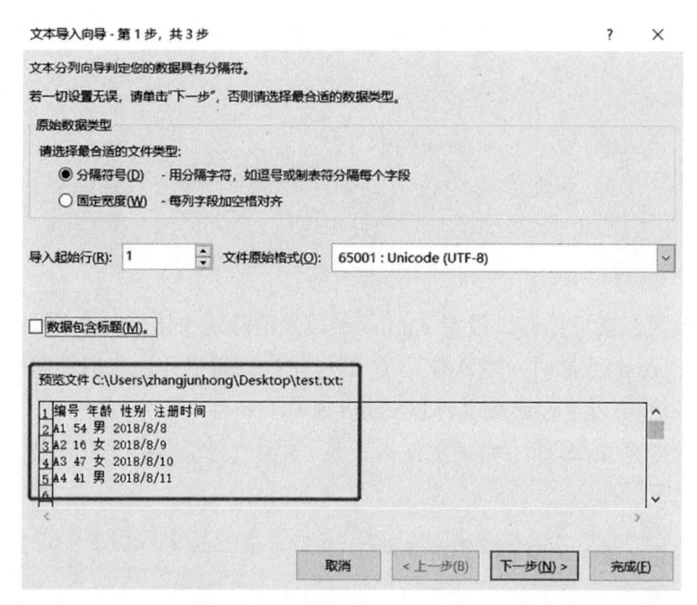

因为我们举例的.txt 文件是用空格分开的，所以在分隔符号项勾选空格复选框，如果待导入的.txt 文件是用其他分隔符号分隔的，那么选择对应的分隔符号，然后直接按完成按钮即可，如下图所示。

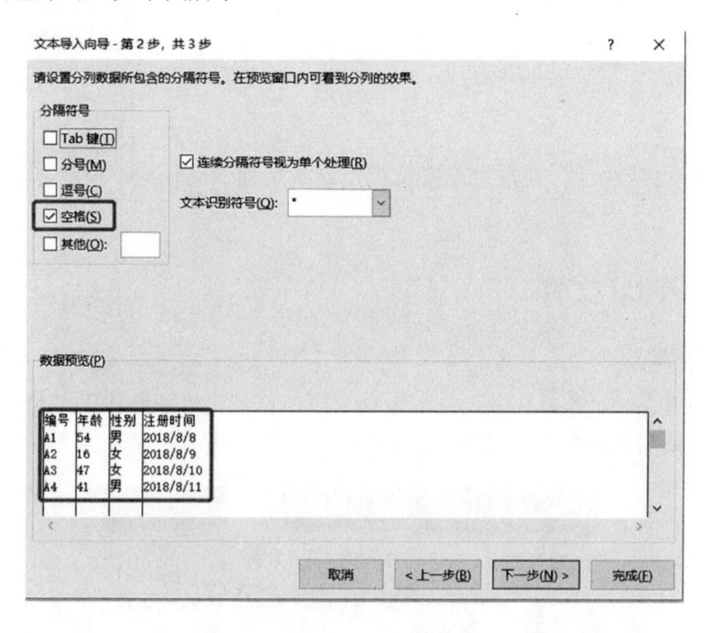

Python 实现

在 Python 中导入.txt 文件用的方法是 read_table()，read_table()是将利用分隔符分开的文件导入 DataFrame 的通用函数。它不仅可以导入.txt 文件，还可以导入.csv 文件。

```
#利用 read_table()导入.txt 文件
>>>import pandas as pd
>>>df1                                                          =
pd.read_table(r"C:\Users\zhangjunhong\Desktop\test.txt",sep = " ")
>>>df1
   编号  年龄  性别  注册时间
0  A1    54    男    2018/8/8
1  A2    16    女    2018/8/9
2  A3    47    女    2018/8/10
3  A4    41    男    2018/8/11
#利用 read_table()导入.csv 文件
>>>df1                                                          =
pd.read_table(r"C:\Users\zhangjunhong\Desktop\test.csv",sep = ",")
>>>df1
   编号  年龄  性别  注册时间
0  A1    54    男    2018/8/8
1  A2    16    女    2018/8/9
2  A3    47    女    2018/8/10
3  A4    41    男    2018/8/11
```

从上面的代码可以看出，函数在导入.csv 文件时，与 read_csv()函数不同的是，即使是逗号分隔的文件也需要用 sep 指明分隔符号，而不像 read_csv()函数那样，如果文件是逗号分隔，则可以不写。

read_table()函数其他参数的用法与 read_csv()函数的基本一致。

4.1.4 导入 sql 文件

Excel 实现

Excel 可以直接连接数据库，通过依次单击菜单栏中的数据>自其他来源导入 sql 文件。如果你的数据库是 SQL Server，那么直接选择来自 SQL Server 即可；如果是 MySQL 数据库，那么你需要选择来自数据连接向导，然后通过建立数据向导来与 MySQL 连接，如下图所示。

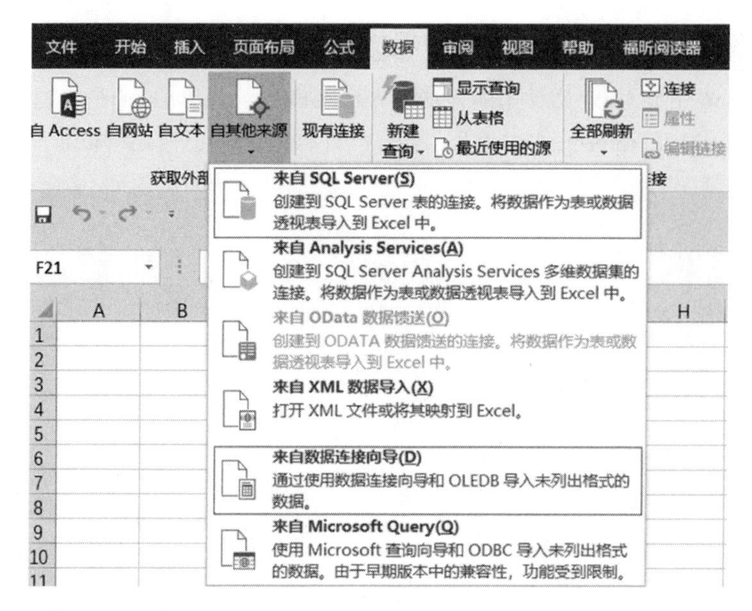

Python 实现

Python 导入 sql 文件主要分为两步，第一步将 Python 与数据库进行连接，第二步是利用 Python 执行 sql 查询语句。

将 Python 与数据库连接时利用的是 pymysql 模块，这个模块 Anaconda 没有，需要我们手动安装，打开 Anaconda Promt，然后输入 pip install pymysql 进行安装即可，安装完成以后直接用 import 导入就可以使用，具体连接方法如下：

```
#导入 pymysql 模块
import pymysql

#创建连接
eng = pymysql.connect(host='localhost',
                      user='user',
                      password='passwd',
                      db='db',
                      charset='utf8')

# user: 用户名
# password: 密码
# host: 数据库地址/本机使用 localhost
# db:数据库名
# charset: 数据库编码，一般为 UTF-8
```

连接好数据库以后，我们就可以执行 sql 查询语句，利用的是 read_sql()方法。

```
pd.read_sql(sql,con)
#参数 sql 是需要执行的 sql 语句
```

```
#参数 con 是第一步创建好的数据库连接，即 eng
```

除了 sql 和 con 这两个关键参数，read_sql()函数也有用来设置行索引的参数 index_col，设置列索引的 columns，实例如下：

```
>>>sql = "SELECT * FROM memberinfo"
>>>eng = pymysql.connect("118.190.201.130",
                      "zhangjh",
                      "zhangjh2018",
                      "test" ,
                      charset = "utf8")
>>>df = pd.read_sql(sql, eng)
>>>df
   编号  年龄  性别  注册时间
0  A1    54   男    2018/8/8
1  A2    16   女    2018/8/9
2  A3    47   女    2018/8/10
3  A4    41   男    2018/8/11
```

4.2 新建数据

这里的新建数据主要指新建 DataFrame 数据，我们在第 3 章的时候讲过，利用 pd.DataFrame()方法进行新建。

4.3 熟悉数据

当我们有了数据源以后，先别急着分析，应该先熟悉数据，只有对数据充分熟悉了，才能更好地进行分析。

4.3.1 利用 head 预览前几行

当数据表中包含数据行数过多时，而我们又想看一下每一列数据都是什么样的数据时，就可以只把数据表中前几行数据显示出来进行查看。

Excel 实现

Excel 其实没有严格意义的显示前几行，当你打开一个数据表时，所有的数据就全展示出来了，如果数据的行数过多，则可以通过滚动条来控制。

Python 实现

在 Python 中，当一个文件导入后，可以用 head()方法来控制要显示哪些行。只需要在 head 后面的括号中输入要展示的行数即可，默认展示前 5 行。

```
>>>df
    编号  年龄  性别  注册时间
0   A1    54    男    2018/8/8
1   A2    16    女    2018/8/9
2   A3    47    女    2018/8/10
3   A4    41    男    2018/8/11
4   A3    47    女    2018/8/10
5   A4    41    男    2018/8/11
6   A2    16    女    2018/8/9
>>>df.head()#默认展示前 5 行
    编号  年龄  性别  注册时间
0   A1    54    男    2018/8/8
1   A2    16    女    2018/8/9
2   A3    47    女    2018/8/10
3   A4    41    男    2018/8/11
4   A3    47    女    2018/8/10
>>>df.head(2)#只展示前 2 行
    编号  年龄  性别  注册时间
0   A1    54    男    2018/8/8
1   A2    16    女    2018/8/9
```

4.3.2 利用 shape 获取数据表的大小

熟悉数据的第一点就是先看一下数据表的大小，即数据表有多少行、多少列。

Excel 实现

在 Excel 中查看数据表有多少行，一般都是选中某一列，右下角就会出现该表的行数，如下图所示。

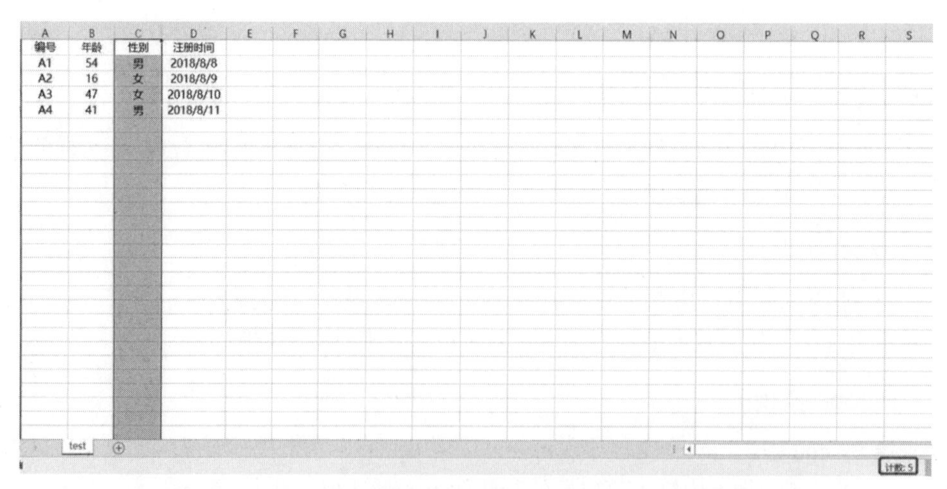

在 Excel 中选中某一行，右下角就会出现该表的列数，如下图所示。

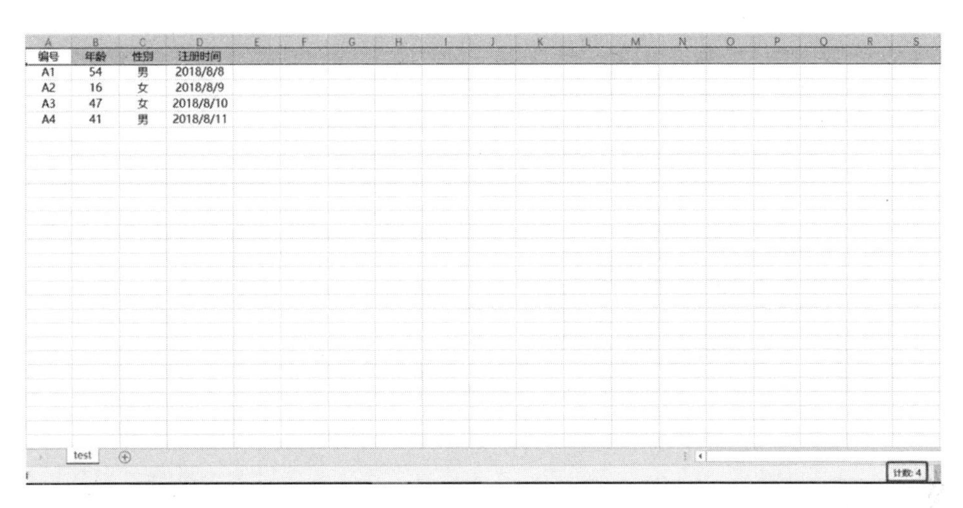

编号	年龄	性别	注册时间
A1	54	男	2018/8/8
A2	16	女	2018/8/9
A3	47	女	2018/8/10
A4	41	男	2018/8/11

Python 实现

在 Python 中获取数据表的行、列数利用的是 shape 方法。

```
>>>df
   编号  年龄  性别  注册时间
0  A1    54    男   2018/8/8
1  A2    16    女   2018/8/9
2  A3    47    女   2018/8/10
3  A4    41    男   2018/8/11
>>>df.shape
(4,4)
```

shape 方法会以元组的形式返回行、列数，上面代码中的(4,4)表示 df 表有 4 行 4 列数据。这里需要注意的是，Python 中利用 shape 方法获取行数和列数时不会把行索引和列索引计算在内，而 Excel 中是把行索引和列索引计算在内的。

4.3.3 利用 info 获取数据类型

熟悉数据的第二点就是看一下数据类型，不同的数据类型的分析思路是不一样的，比如数值类型的数据可以求均值，但是字符串类型的数据就没法求均值了。

Excel 实现

在 Excel 中，若想看某一列数据具体是什么类型的，只要把这一列选中，然后在菜单栏中的数字那一栏就可以看到这一列的数据类型。

年龄为数值类型，如下图所示。

	A	B	C	D
1	编号	年龄	性别	注册时间
2	A1	54	男	2018/8/8
3	A2	16	女	2018/8/9
4	A3	47	女	2018/8/10
5	A4	41	男	2018/8/11

性别为文本类型，如下图所示。

	A	B	C	D
1	编号	年龄	性别	注册时间
2	A1	54	男	2018/8/8
3	A2	16	女	2018/8/9
4	A3	47	女	2018/8/10
5	A4	41	男	2018/8/11

Python 实现

在 Python 中我们可以利用 info()方法查看数据表中的数据类型，而且不需要一列一列查看，在调用 info()方法以后就会输出整个表中所有列的数据类型。

```
>>>df
   编号  年龄  性别   注册时间
0  A1    54    男    2018/8/8
1  A2    16    女    2018/8/9
2  A3    47    女    2018/8/10
3  A4    41    男    2018/8/11
>>>df.info()
<class 'pandas.core.frame.DataFrame'>
RangeIndex: 4 entries, 0 to 3
Data columns (total 4 columns):
编号      4 non-null object
年龄      4 non-null int64
性别      4 non-null object
注册时间    4 non-null object
dtypes: int64(1), object(3)
memory usage: 208.0+ bytes
```

通过 info()方法可以看出表 df 的行索引 index 是 0~3，总共 4columns，分别是编号、年龄、性别及注册时间，且 4columns 中只有年龄是 int 类型，其他 columns 都是 object 类型，共占用内存 208bytes。

4.3.4 利用 describe 获取数值分布情况

熟悉数据的第三点就是掌握数值的分布情况，即均值是多少，最值是多少，方差及分位数分别又是多少。

Excel 实现

在 Excel 中如果想看某列的数值分布情况，那么手动选中这一列，在 Excel 的右下角就会显示出这一列的平均值、计数及求和，且只显示这三个指标，如下图所示。如果想了解其他指标（求最值、方差、标准差）的具体计算方法，可参考 8.3 节。

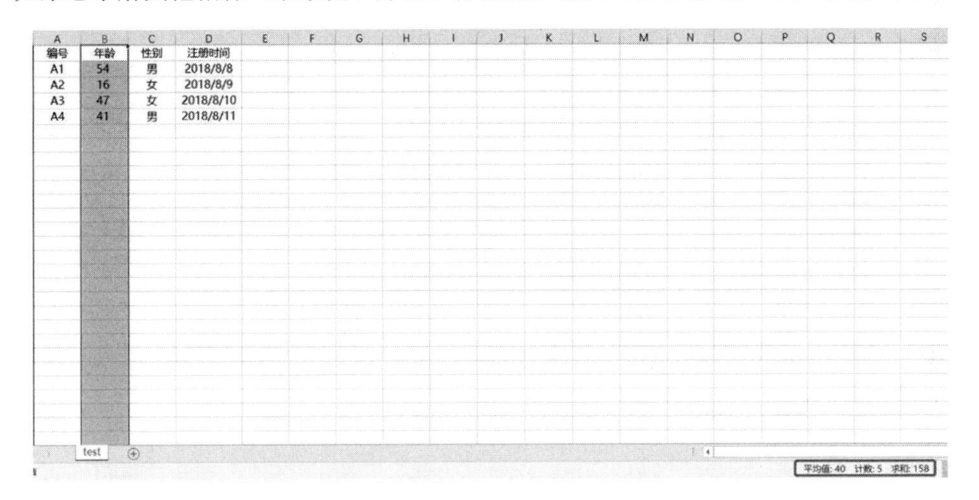

Python 实现

在 Python 中只需要利用 describe()方法就可以获取所有数值类型字段的分布值。

```
>>>df
   编号  年龄  性别  注册时间
0  A1    54    男   2018/8/8
1  A2    16    女   2018/8/9
2  A3    47    女   2018/8/10
3  A4    41    男   2018/8/11
>>>df.describe()
        年龄
count   4.000000
mean   39.500000
std    16.542874
min    16.000000
25%    34.750000
```

```
50%    44.000000
75%    48.750000
max    54.000000
```

表 df 中只有年龄这一列是数值类型，所以调用 describe()方法时，只计算了年龄这一列的相关数值分布情况。我们可以新建一个含有多列数值类型字段的 DataFrame。

```
>>>df                                                                  =
pd.DataFrame([[20,5000,2],[25,8000,3],[30,9000,3],[28,7000,2]],
   columns = ["年龄","收入","家属数"])
>>>df
   年龄  收入  家属数
0   20    5000  2
1   25    8000  3
2   30    9000  3
3   28    7000  2
>>>df.describe()
         年龄          收入            家属数
count   4.000000    4.000000       4.00000
mean    25.750000   7250.000000    2.50000
std     4.349329    1707.825128    0.57735
min     20.000000   5000.000000    2.00000
25%     23.750000   6500.000000    2.00000
50%     26.500000   7500.000000    2.50000
75%     28.500000   8250.000000    3.00000
max     30.000000   9000.000000    3.00000
```

上面的表 df 中年龄、收入、家属数都是数值类型，所以在调用 describe()方法的时候，会同时计算这三列的数值分布情况。

第 5 章

淘米洗菜——数据预处理

从菜市场买来的菜，总有一些不太好的，所以把菜买回来以后要先做一遍预处理，把那些不太好的部分扔掉。现实中大部分的数据都类似于菜市场的菜品，拿到以后都要先做一次预处理。

常见的不规整数据主要有缺失数据、重复数据、异常数据几种，在开始正式的数据分析之前，我们需要先把这些不太规整的数据处理掉。

5.1 缺失值处理

缺失值就是由某些原因导致部分数据为空，对于为空的这部分数据我们一般有两种处理方式，一种是删除，即把含有缺失值的数据删除；另一种是填充，即把缺失的那部分数据用某个值代替。

5.1.1 缺失值查看

对缺失值进行处理，首先要把缺失值找出来，也就是查看哪列有缺失值。

Excel 实现

在 Excel 中我们先选中一列没有缺失值的数据，看一下这一列数据共有多少个，然后把其他列的计数与这一列进行对比，小于这一列数据个数的就代表有缺失值，差值就是缺失个数。

下图中非缺失值列的数据计数为 5，性别这一列计数为 4，这就表示性别这一列有 1 个缺失值。

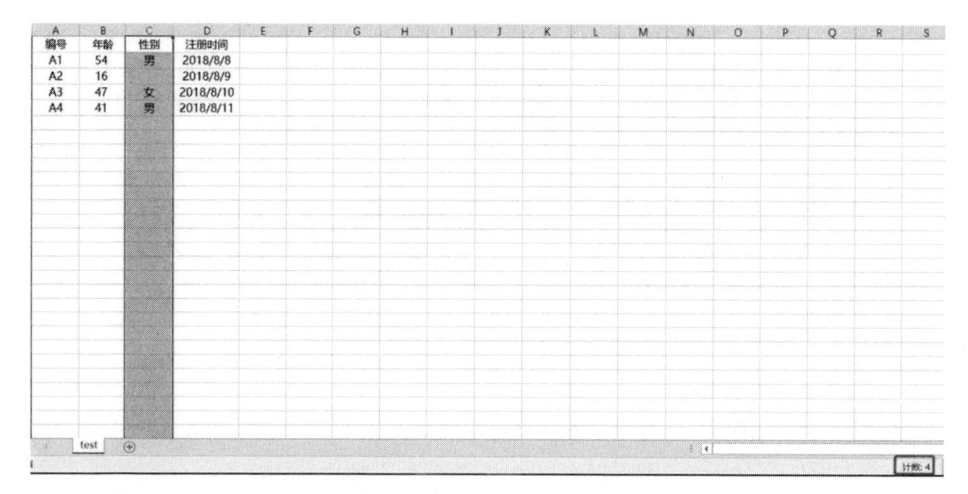

编号	年龄	性别	注册时间
A1	54	男	2018/8/8
A2	16		2018/8/9
A3	47	女	2018/8/10
A4	41	男	2018/8/11

如果想看整个数据表中每列数据的缺失情况，则要挨个选中每一列去判断该列是否有缺失值。

如果数据不是特别多，你想看到具体是哪个单元格缺失，则可以利用定位条件（按快捷键 Ctrl+G 可弹出该对话框）查找。在定位条件对话框中选择空值，单击确定就会把所有的空值选中，如下图所示。

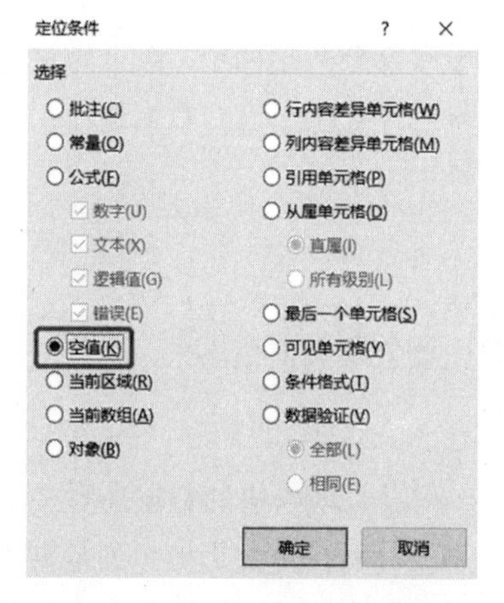

通过定位条件把缺失值选出来的结果，如下图所示。

编号	年龄	性别	注册时间
A1	54	男	2018/8/8
A2	16		2018/8/9
A4	41	男	2018/8/11

Python 实现

在 Python 中直接调用 info()方法就会返回每一列的缺失情况。关于 info()方法我们在前面就用过，但是没有说明这个方法可以判断数据的缺失情况。

```
>>>df
   编号  年龄   性别     注册时间
0  A1   54    男      2018/8/8
1  A2   16    NaN    2018/8/9
2  A3   47    女      2018/8/10
3  A4   41    男      2018/8/11
>>>df.info()
<class 'pandas.core.frame.DataFrame'>
RangeIndex: 4 entries, 0 to 3
Data columns (total 4 columns):
编号       4 non-null object
年龄       4 non-null int64
性别       3 non-null object
注册时间     4 non-null object
dtypes: int64(1), object(3)
memory usage: 208.0+ bytes
```

Python 中缺失值一般用 NaN 表示，从用 info()方法的结果来看，性别这一列是 3 non-null object，表示性别这一列有 3 个非 null 值，而其他列有 4 个非 null 值，说明性别这一列有 1 个 null 值。

我们还可以用 isnull()方法来判断哪个值是缺失值，如果是缺失值则返回 True，如果不是缺失值则返回 False。

```
>>>df
   编号  年龄  性别     注册时间
0  A1   54    男      2018/8/8
1  A2   16    NaN    2018/8/9
2  A3   47    女      2018/8/10
3  A4   41    男      2018/8/11
>>>df.isnull()
   编号    年龄    性别    注册时间
0  False  False  False  False
1  False  False  True   False
2  False  False  False  False
3  False  False  False  False
```

5.1.2 缺失值删除

缺失值分为两种，一种是一行中某个字段是缺失值；另一种是一行中的字段全部为缺失值，即为一个空白行。

Excel 实现

在 Excel 中，这两种缺失值都可以通过在定位条件（按快捷键 Ctrl+G 可弹出该对话框）对话框中选择空值找到。

这样含有缺失值的部分就会被选中，包括某个具体的单元格及一整行，然后单击鼠标右键在弹出的删除对话框中选择删除整行选项，并单击确定按钮即可实现整行的删除。

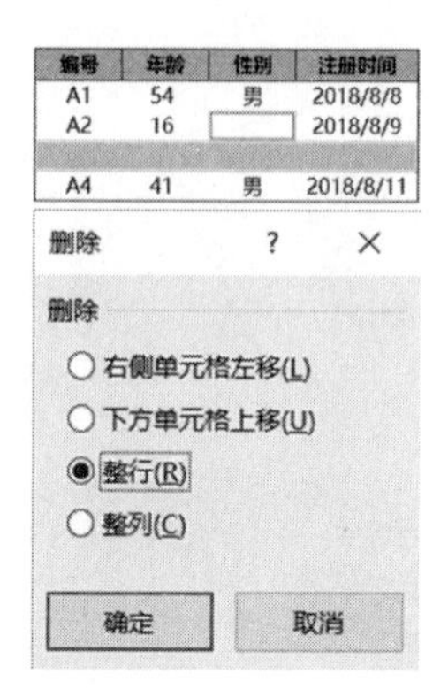

Python 实现

在 Python 中，我们利用的是 dropna()方法，dropna()方法默认删除含有缺失值的行，也就是只要某一行有缺失值就把这一行删除。

```
>>>df
   编号  年龄  性别  注册时间
0  A1    54    男    2018/8/8
1  A2    16    NaN   2018/8/9
2  A3    47    女    2018/8/10
3  A4    41    男    2018/8/11
>>>df.dropna()
   编号  年龄  性别  注册时间
0  A1    54    男    2018/8/8
2  A3    47    女    2018/8/10
3  A4    41    男    2018/8/11
```

运行 dropna()方法以后，删除含有 NaN 值的行，返回删除后的数据。

如果想删除空白行，只要给 dropna()方法传入一个参数 how = "all"即可，这样就会只删除那些全为空值的行，不全为空值的行就不会被删除。

```
>>>df
   编号  年龄  性别  注册时间
0  A1    54    男    2018/8/8
1  A2    16    NaN   2018/8/9
2  NaN   NaN   NaN   NaN
3  A4    41    男    2018/8/11
>>>df.dropna(how = "all")
   编号  年龄  性别  注册时间
```

```
0  A1   54   男   2018/8/8
1  A2   16   NaN  2018/8/9
3  A4   41   男   2018/8/11
```

上表第二行中只有性别这个字段是空值，所以在利用 dropna(how = "all")的时候并没有删除第二行，只是把全为 NaN 值的第三行删掉了。

5.1.3 缺失值填充

上面介绍了缺失值的删除，但是数据是宝贵的，一般情况下只要数据缺失比例不是过高（不大于 30%），尽量别删除，而是选择填充。

Excel 实现

在 Excel 中，缺失值的填充和缺失值删除一样，利用的也是定位条件，先把缺失值找到，然后在第一个缺失值的单元格中输入要填充的值，最常用的就是用 0 填充，输入以后按 Ctrl+Enter 组合键就可以对所有缺失值进行填充。

缺失值填充前后的对比如下图所示。

Before

编号	年龄	性别	注册时间
A1	54	男	2018/8/8
A2	16		2018/8/9
A3		女	2018/8/10
A4	41	男	2018/8/11

After

编号	年龄	性别	注册时间
A1	54	男	2018/8/8
A2	16	0	2018/8/9
A3	0	女	2018/8/10
A4	41	男	2018/8/11

年龄用数字填充合适，但是性别用数字填充就不太合适，那么可不可以分开填充呢？答案是可以的，选中要填充的那一列，按照填充全部数据的方式进行填充即可，只不过要填充几列，需要执行几次操作。

Before

编号	年龄	性别	注册时间
A1	54	男	2018/8/8
A2	16		2018/8/9
A3		女	2018/8/10
A4	41	男	2018/8/11

After

编号	年龄	性别	注册时间
A1	54	男	2018/8/8
A2	16	男	2018/8/9
A3	37	女	2018/8/10
A4	41	男	2018/8/11

上图是填充前后的对比，年龄这一列我们用平均值填充，性别这一列我们用众数填充。

除了用 0 填充、平均值填充、众数（大多数）填充，还有向前填充（即用缺失值的前一个非缺失值填充，比如上例中编号 A3 对应的缺失年龄的前一个非缺失值就是 16）、向后填充（与向前填充对应）等方式。

Python 实现

在 Python 中，我们利用的 fillna()方法对数据表中的所有缺失值进行填充，在 fillna

后面的括号中输入要填充的值即可。

```
>>>df
    编号  年龄  性别  注册时间
0   A1    54    男    2018/8/8
1   A2    16    NaN   2018/8/9
2   NaN   NaN   NaN   NaN
3   A4    41    男    2018/8/11
>>>df.fillna(0)
    编号  年龄  性别  注册时间
0   A1    54    男    2018/8/8
1   A2    16    0     2018/8/9
2   0     0     0     0
3   A4    41    男    2018/8/11
```

在 Python 中我们也可以按不同列填充，只要在 fillna()方法的括号中指明列名即可。

```
>>>df
    编号  年龄  性别  注册时间
0   A1    54    男    2018/8/8
1   A2    16    NaN   2018/8/9
2   A3    NaN   女    2018/8/10
3   A4    41    男    2018/8/11
>>>df.fillna({"性别":"男"})#对性别进行填充
    编号  年龄  性别  注册时间
0   A1    54    男    2018/8/8
1   A2    16    男    2018/8/9
2   A3    NaN   女    2018/8/10
3   A4    41    男    2018/8/11
```

上面代码中只针对性别这一列进行了填充，其他列未进行任何更改。

也可以同时对多列填充不同的值：

```
#分别对性别和年龄进行填充
>>>df.fillna({"性别":"男","年龄":"30"})
    编号  年龄  性别  注册时间
0   A1    54    男    2018/8/8
1   A2    16    男    2018/8/9
2   A3    30    女    2018/8/10
3   A4    41    男    2018/8/11
```

5.2 重复值处理

重复数据就是同样的记录有多条，对于这样的数据我们一般做删除处理。

假设你是一名数据分析师，你的主要工作是分析公司的销售情况，现有公司 2018

年 8 月的销售明细（已知一条明细对应一笔成交记录），你想看一下 8 月整体成交量是多少，最简单的方式就是看一下有多少条成交明细。但是这里可能会有重复的成交记录存在，所以要先删除重复项。

Excel 实现

在 Excel 中依次单击菜单栏中的数据>数据工具>删除重复值，就可以删除重复数据了，如下图所示。

删除前后的对比如下图所示。

Before

订单编号	客户姓名	唯一识别码	成交时间
A1	张通	101	2018/8/8
A2	李谷	102	2018/8/9
A3	孙凤	103	2018/8/10
A3	孙凤	103	2018/8/10
A4	赵恒	104	2018/8/11
A5	赵恒	104	2018/8/12

After

订单编号	客户姓名	唯一识别码	成交时间
A1	张通	101	2018/8/8
A2	李谷	102	2018/8/9
A3	孙凤	103	2018/8/10
A4	赵恒	104	2018/8/11
A5	赵恒	104	2018/8/12

Excel 的删除重复值默认针对所有值进行重复值判断，比如有订单编号、客户姓名、唯一识别码（类似于身份证号）、成交时间这四个字段，Excel 会判断这四个字段是否都相等，只有都相等时才会删除，且保留第一个（行）值。

你知道了公司 8 月成交明细以后，你想看一下 8 月总共有多少成交客户，且每个客户在 8 月首次成交的日期。

查看客户数量只需要按客户的唯一识别码进行去重就可以了。Excel 默认是全选，我们可以取消全选，选择唯一识别码进行去重，这样只要唯一识别码重复就会被删除，如下图所示。

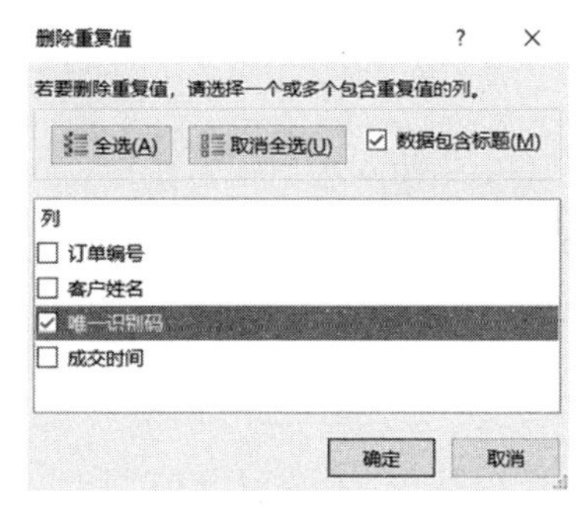

因为 Excel 默认会保留第一条记录，而我们又想要获取每个客户的较早成交日期，

所以我们需要先对时间进行升序排列，让较早的日期排在前面，这样在删除的时候就会保留较早的成交日期。

删除前后的对比如下图所示。

Before

订单编号	客户姓名	唯一识别码	成交时间
A1	张通	101	2018/8/8
A2	李谷	102	2018/8/9
A3	孙凤	103	2018/8/10
A3	孙凤	103	2018/8/10
A4	赵恒	104	2018/8/11
A5	赵恒	104	2018/8/12

After

订单编号	客户姓名	唯一识别码	成交时间
A1	张通	101	2018/8/8
A2	李谷	102	2018/8/9
A3	孙凤	103	2018/8/10
A4	赵恒	104	2018/8/11

Python 实现

在 Python 中我们利用 drop_duplicates()方法，该方法默认对所有值进行重复值判断，且默认保留第一个（行）值。

```
>>>df
   订单编号    客户姓名  唯一识别码   成交时间
0  A1          张通      101          2018-08-08
1  A2          李谷      102          2018-08-09
2  A3          孙凤      103          2018-08-10
3  A3          孙凤      103          2018-08-10
4  A4          赵恒      104          2018-08-11
5  A5          赵恒      104          2018-08-12
>>>df.drop_duplicates()
   订单编号    客户姓名  唯一识别码   成交时间
0  A1          张通       101         2018-08-08
1  A2          李谷       102         2018-08-09
2  A3          孙凤       103         2018-08-10
4  A4          赵恒       104         2018-08-11
5  A5          赵恒       104         2018-08-12
```

上面的代码是针对所有字段进行的重复值判断，我们同样也可以只针对某一列或某几列进行重复值删除的判断，只需要在 drop_duplicates()方法中指明要判断的列名即可。

```
>>>df
   订单编号    客户姓名  唯一识别码   成交时间
0  A1         张通      101          2018-08-08
1  A2         李谷      102          2018-08-09
2  A3         孙凤      103          2018-08-10
3  A3         孙凤      103          2018-08-10
4  A4         赵恒      104          2018-08-11
5  A5         赵恒      104          2018-08-12
>>>df.drop_duplicates(subset = "唯一识别码")
   订单编号    客户姓名  唯一识别码   成交时间
```

```
0   A1         张通      101       2018-08-08
1   A2         李谷      102       2018-08-09
2   A3         孙凤      103       2018-08-10
4   A4         赵恒      104       2018-08-11
```

也可以利用多列去重，只需要把多个列名以列表的形式传给参数 subset 即可。比如按姓名和唯一识别码去重。

```
>>>df.drop_duplicates(subset = ["客户姓名","唯一识别码"])
    订单编号    客户姓名  唯一识别码   成交时间
0   A1         张通      101       2018-08-08
1   A2         李谷      102       2018-08-09
2   A3         孙凤      103       2018-08-10
4   A4         赵恒      104       2018-08-11
```

还可以自定义删除重复项时保留哪个，默认保留第一个，也可以设置保留最后一个，或者全部不保留。通过传入参数 keep 进行设置，参数 keep 默认值是 first，即保留第一个值；也可以是 last，保留最后一个值；还可以是 False，即把重复值全部删除。

```
#保留最后一个重复值
>>>df.drop_duplicates(subset = ["客户姓名","唯一识别码"],
   keep = "last")
    订单编号    客户姓名  唯一识别码   成交时间
0   A1         张通      101       2018-08-08
1   A2         李谷      102       2018-08-09
3   A3         孙凤      103       2018-08-10
5   A5         赵恒      104       2018-08-12
#不保留任何重复值
>>>df.drop_duplicates(subset = ["姓名","唯一识别码"],
   keep = False)
    订单编号    客户姓名  唯一识别码   成交时间
0   A1         张通      101       2018-08-08
1   A2         李谷      102       2018-08-09
```

5.3 异常值的检测与处理

异常值就是相比正常数据而言过高或过低的数据，比如一个人的年龄是 0 岁或者 300 岁都算是一个异常值，因为这和实际情况差距过大。

5.3.1 异常值检测

要处理异常值首先要检测，也就是发现异常值，发现异常值的方式主要有以下三种。

- 根据业务经验划定不同指标的正常范围，超过该范围的值算作异常值。

- 通过绘制箱形图，把大于（小于）箱形图上边缘（下边缘）的点称为异常值。
- 如果数据服从正态分布，则可以利用 3σ 原则；如果一个数值与平均值之间的偏差超过 3 倍标准差，那么我们就认为这个值是异常值。

箱形图如下图所示，关于箱形图的绘制方法我们会在第 13 章介绍。

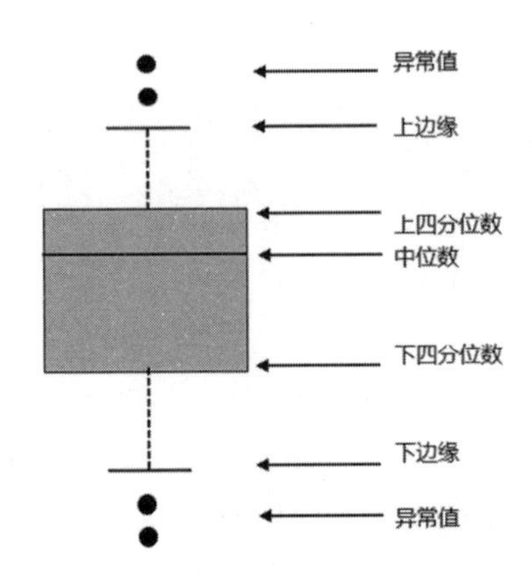

下图为正态分布图，我们把大于 μ+3σ 的值称为异常值。

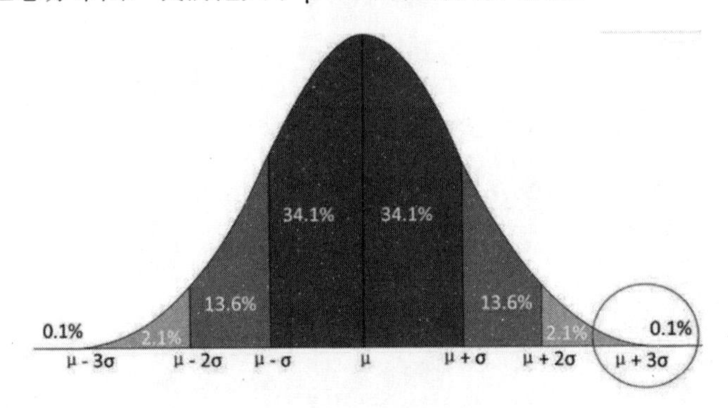

5.3.2 异常值处理

对于异常值一般有以下几种处理方式。

- 最常用的处理方式就是删除。
- 把异常值当作缺失值来填充。
- 把异常值当作特殊情况，研究异常值出现的原因。

Excel 实现

在 Excel 中，删除异常值只要通过筛选把异常值对应的行找出来，然后单击鼠标右键选择删除行即可。

对异常值进行填充，其实就是对异常值进行替换，同样通过筛选功能把异常值先找出来，然后把这些异常值替换成要填充的值即可。

Python 实现

在 Python 中，删除异常值用到的方法和 Excel 中的方法原理类似，Python 中是通过过滤的方法对异常值进行删除。比如 df 表中有年龄这个指标，要把年龄大于 200 的值删掉，你可以通过筛选把年龄不大于 200 的筛出来，筛出来的部分就是删除大于 200 的值以后的新表。

对异常值进行填充，就是对异常值进行替换，利用 replace()方法可以对特定的值进行替换。

关于数据筛选和数据替换会在接下来的章节介绍。

5.4 数据类型转换

5.4.1 数据类型

Excel 实现

在 Excel 中常用的数据类型就是在菜单栏中数字选项下面的几种，你也可以选择其他数据格式，如下图所示。

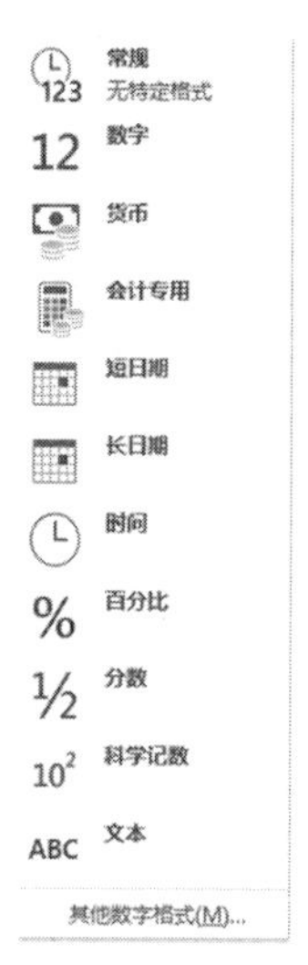

在 Excel 中只要选中某一列就可以在菜单栏看到这一列的数据类型。

当选中成交时间这一列时，菜单栏中就会显示日期，表示成交时间这一列的数据类型是日期格式，如下图所示。

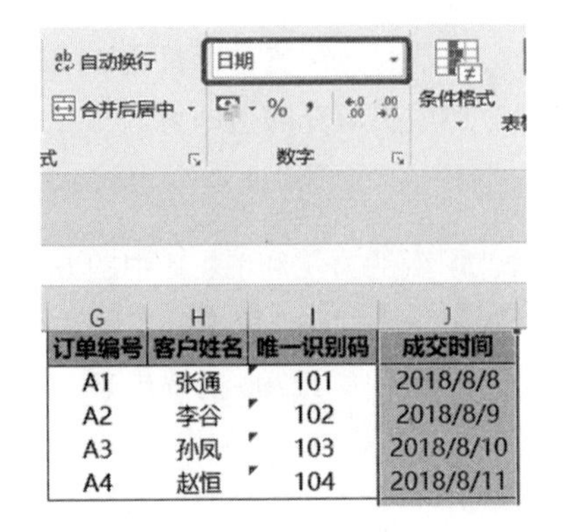

Python 实现

Pandas 不像 Excel 分得那么详细，它主要有 6 种数据类型，如下表所示。

类　型	说　明
int	整型数，即整数
float	浮点数，即含有小数点的数
object	Python 对象类型，用 O 表示
string_	字符串类型，经常用 S 表示，S10 表示长度为 10 的字符串
unicode_	固定长度的 unicode 类型，跟字符串定义方式一样
datetime64[ns]	表示时间格式

在 Python 中，不仅可以用 info()方法获取每一列的数据类型，还可以通过 dtype 方法来获取某一列的数据类型。

```
>>>df
   订单编号    客户姓名  唯一识别码   成交时间
0  A1         张通      101          2018-08-08
1  A2         李谷      102          2018-08-09
2  A3         孙凤      103          2018-08-10
3  A3         孙凤      103          2018-08-10
4  A4         赵恒      104          2018-08-11
5  A5         赵恒      104          2018-08-12
>>>df["订单编号"].dtype#查看订单编号这一列的数据类型
dtype('O')
>>>df["唯一识别码"].dtype#查看唯一识别码这一列的数据类型
dtype('int64')
```

5.4.2 类型转换

我们在前面说过，不同数据类型的数据可以做的事情是不一样的，所以我们需要对数据进行类型转化，把数据转换为我们需要的类型。

Excel 实现

在 Excel 中如果想更改某一列的数据类型，只要选中这一列，然后在数字菜单栏中通过下拉菜单选择你要转换的目标类型即可实现。

下图就是将文本类型的数据转换成数值类型的数据，数值类型数据默认为两位小数，也可以设置成其他位数。

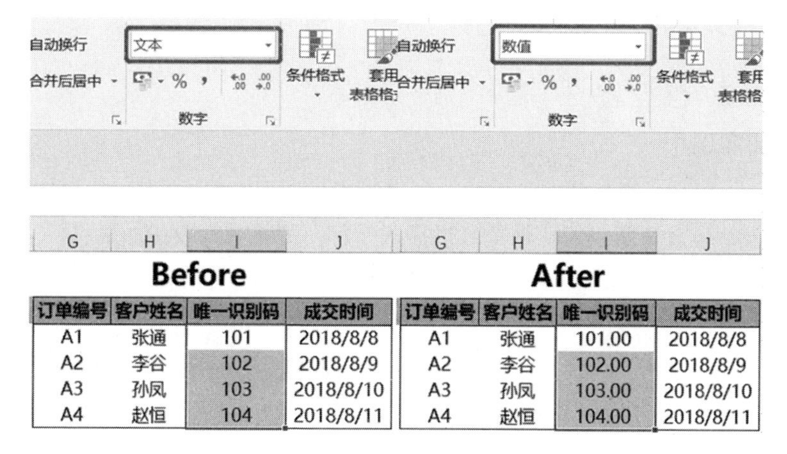

Before

订单编号	客户姓名	唯一识别码	成交时间
A1	张通	101	2018/8/8
A2	李谷	102	2018/8/9
A3	孙凤	103	2018/8/10
A4	赵恒	104	2018/8/11

After

订单编号	客户姓名	唯一识别码	成交时间
A1	张通	101.00	2018/8/8
A2	李谷	102.00	2018/8/9
A3	孙凤	103.00	2018/8/10
A4	赵恒	104.00	2018/8/11

Python 实现

在 Python 中，我们利用 astype()方法对数据类型进行转换，astype 后面的括号里指明要转换的目标类型即可。

```
>>>df
   订单编号    客户姓名  唯一识别码    成交时间
0  A1          张通      101           2018-08-08
1  A2          李谷      102           2018-08-09
2  A3          孙凤      103           2018-08-10
3  A3          孙凤      103           2018-08-10
4  A4          赵恒      104           2018-08-11
5  A5          赵恒      104           2018-08-12
>>>df["唯一识别码"].dtype#查看唯一识别码这一列的数据类型
dtype('int64')
>>>df["唯一识别码"].astype("float64")#将唯一识别码从 int 类型转换为 float
类型
0    101.0
1    102.0
2    103.0
3    103.0
4    104.0
5    104.0
```

5.5 索引设置

索引是查找数据的依据，设置索引的目的是便于我们查找数据。举个例子，你逛超市买了很多食材，回到家以后要把它们放在冰箱里，放的过程其实就是一个建立索引的过程，比如蔬菜放在冷藏室，肉类放在冷冻室，这样在找的时候就能很快找到。

5.5.1 为无索引表添加索引

有的表没有索引，这时要给这类表加一个索引。

Excel 实现

在 Excel 中，一般都是有索引的，如果没索引数据看起来会很乱，当然也会有例外，数据表就是没有索引的。这个时候插入一行一列就是为表添加索引。

添加索引前后的对比如下图所示，序号列为行索引，字段名称为列索引。

Before

A1	张通	101	2018/8/8
A2	李谷	102	2018/8/9
A3	孙凤	103	2018/8/10
A4	赵恒	104	2018/8/11
A5	赵恒	104	2018/8/12

After

序号	客户姓名	唯一识别码	成交时间
1	张通	101	2018/8/8
2	李谷	102	2018/8/9
3	孙凤	103	2018/8/10
4	赵恒	104	2018/8/11
5	赵恒	104	2018/8/12

Python 实现

在 Python 中，如果表没有索引，会默认用从 0 开始的自然数做索引，比如下面这样：

```
>>>df
    0          1        2        3
0   A1         张通     101      2018-08-08
1   A2         李谷     102      2018-08-09
2   A3         孙凤     103      2018-08-10
3   A4         赵恒     104      2018-08-11
4   A5         赵恒     104      2018-08-12
```

通过给表 df 的 columns 参数传入列索引值，index 参数传入行索引值达到为无索引表添加索引的目的，具体实现如下：

```
#为表添加列索引
>>>df.columns = ["订单编号","客户姓名","唯一识别码","成交时间"]
>>>df
    订单编号      客户姓名   唯一识别码    成交时间
0   A1          张通       101          2018-08-08
1   A2          李谷       102          2018-08-09
2   A3          孙凤       103          2018-08-10
3   A4          赵恒       104          2018-08-11
4   A5          赵恒       104          2018-08-12
```

```
#为表添加行索引
>>>df.index = [1,2,3,4,5]
>>>df
    订单编号    客户姓名  唯一识别码   成交时间
1   A1          张通      101          2018-08-08
2   A2          李谷      102          2018-08-09
3   A3          孙凤      103          2018-08-10
4   A4          赵恒      104          2018-08-11
5   A5          赵恒      104          2018-08-12
```

5.5.2 重新设置索引

重新设置索引，一般指行索引的设置。有的表虽然有索引，但不是我们想要的索引，比如现在有一个表是把序号作为行索引，而我们想要把订单编号作为行索引，该怎么实现呢？

Excel 实现

在 Excel 中重新设置行索引比较简单，你想让哪一列做行索引，直接把这一列拖到第一列的位置即可。

Python 实现

在 Python 中可以利用 set_index()方法重新设置索引列，在 set_index()里指明要用作行索引的列的名称即可。

```
>>>df
    订单编号    客户姓名  唯一识别码   成交时间
1   A1          张通      101          2018-08-08
2   A2          李谷      102          2018-08-09
3   A3          孙凤      103          2018-08-10
4   A4          赵恒      104          2018-08-11
5   A5          赵恒      104          2018-08-12
>>>df.set_index("订单编号")
            客户姓名  唯一识别码   成交时间
订单编号
A1          张通      101          2018-08-08
A2          李谷      102          2018-08-09
A3          孙凤      103          2018-08-10
A4          赵恒      104          2018-08-11
A5          赵恒      104          2018-08-12
```

在重新设置索引时，还可以给 set_index()方法传入两个或多个列名，我们把这种一个表中用多列来做索引的方式称为层次化索引，层次化索引一般用在某一列中含有多个重复值的情况下。层次化索引的例子，如下所示，其中 a、b、c、d 分别有多个重复值。

```
a  1    1
   2    2
   3    3
b  1    4
   2    5
c  3    6
   1    7
d  2    8
   3    9
dtype: int32
```

5.5.3 重命名索引

重命名索引是针对现有索引名进行修改的，就是改字段名。

Excel 实现

在 Excel 中重命名索引比较简单，就是直接修改字段名。

Python 实现

在 Python 中重命名索引，我们利用的是 rename()方法，在 rename 后的括号里指明要修改的行索引及列索引名。

```
#重命名列索引
>>>df
    订单编号      客户姓名   唯一识别码    成交时间
1   A1           张通       101          2018-08-08
2   A2           李谷       102          2018-08-09
3   A3           孙凤       103          2018-08-10
4   A4           赵恒       104          2018-08-11
5   A5           赵恒       104          2018-08-12
>>>df.rename(columns = {"订单编号":"新订单编号",
                       "客户姓名":"新客户姓名"})
    新订单编号    新客户姓名 唯一识别码    成交时间
1   A1            张通        101          2018-08-08
2   A2            李谷        102          2018-08-09
3   A3            孙凤        103          2018-08-10
4   A4            赵恒        104          2018-08-11
5   A5            赵恒        104          2018-08-12
#重命名行索引
>>>df
    订单编号      客户姓名     唯一识别码    成交时间
1   A1            张通         101          2018-08-08
2   A2            李谷         102          2018-08-09
3   A3            孙凤         103          2018-08-10
4   A4            赵恒         104          2018-08-11
5   A5            赵恒         104          2018-08-12
```

```
>>>df.rename(index = {1:"一",
                      2:"二",
                      3:"三"})
    订单编号      客户姓名      唯一识别码     成交时间
一    A1          张通          101           2018-08-08
二    A2          李谷          102           2018-08-09
三    A3          孙凤          103           2018-08-10
4     A4          赵恒          104           2018-08-11
5     A5          赵恒          104           2018-08-12
#同时重命名行索引和列索引
>>>df
    订单编号      客户姓名      唯一识别码     成交时间
1   A1            张通          101           2018-08-08
2   A2            李谷          102           2018-08-09
3   A3            孙凤          103           2018-08-10
4   A4            赵恒          104           2018-08-11
5   A5            赵恒          104           2018-08-12
>>>df.rename(columns = {"订单编号":"新订单编号",
                        "客户姓名":"新客户姓名"},
             index = {1:"一",
                      2:"二",
                      3:"三"})
    新订单编号    新客户姓名    唯一识别码     成交时间
一    A1          张通          101           2018-08-08
二    A2          李谷          102           2018-08-09
三    A3          孙凤          103           2018-08-10
4     A4          赵恒          104           2018-08-11
5     A5          赵恒          104           2018-08-12
```

5.5.4 重置索引

重置索引主要用在层次化索引表中，重置索引是将索引列当作一个 columns 进行返回。

在下图左侧的表中，Z1、Z2 是一个层次化索引，经过重置索引以后，Z1、Z2 这两个索引以 columns 的形式返回，变为常规的两列。

Before

		C1	C2
Z1	Z2		
A	a	1	2
	b	3	4
B	a	5	6
	b	7	8

After

Z1	Z2	C1	C2
A	a	1	2
A	b	3	4
B	a	5	6
B	b	7	8

在 Excel 中，我们要进行这种转换，直接通过复制、粘贴、删除等功能就可以实现，比较简单。我们主要讲一下在 Python 中怎么实现。

在 Python 利用的是 reset_index()方法，reset_index()方法常用的参数如下：

```
reset_index(level=None, drop=False, inplace=False)
```

level 参数用来指定要将层次化索引的第几级别转化为 columns，第一个索引为 0 级，第二个索引为 1 级，默认为全部索引，即默认把索引全部转化为 columns。

drop 参数用来指定是否将原索引删掉，即不作为一个新的 columns，默认为 False，即不删除原索引。

inplace 参数用来指定是否修改原数据表。

```
>>>df
        C1  C2
Z1  Z2
A   a   1   2
    b   3   4
B   a   5   6
    b   7   8
>>>df.reset_index()#默认将全部 index 转化为 columns
    Z1  Z2  C1  C2
0   A   a   1   2
1   A   b   3   4
2   B   a   5   6
3   B   b   7   8
>>>df.reset_index(level = 0)#将第 0 级索引转化为 columns
    Z1  C1  C2
Z2
a   A   1   2
b   A   3   4
a   B   5   6
b   B   7   8
>>>df.reset_index(drop = True)#将原索引删除，不加入 columns
    C1  C2
0   1   2
1   3   4
2   5   6
3   7   8
```

reset_index()方法常用于数据分组、数据透视表中。

第 6 章

菜品挑选——数据选择

之前是把所有的菜品都选好并放在不同的容器里。现在要进行切配了，需要把这些菜品挑选出来，比如做一盘凉拌黄瓜，需要先把黄瓜找出来；要做一盘可乐鸡翅，需要先把鸡翅找出来。

数据分析也是同样的道理，你要分析什么，首先要把对应的数据筛选出来。

常规的数据选择主要有列选择、行选择、行列同时选择三种方式。

6.1 列选择

6.1.1 选择某一列/某几列

Excel 实现

在 Excel 中选择某一列直接用鼠标选中这一列即可；如果要同时选择多列，且待选择的列不是相邻的，这个时候就可以先选中其中一列，然后按住 Ctrl 键不放，再选择其他列。举个例子，同时选择客户姓名和成交时间这两列，如下图所示。

序号	订单编号	客户姓名	唯一识别码	成交时间	销售ID
1	A1	张通	101	2018/8/8	1
2	A2	李谷	102	2018/8/9	2
3	A3	孙凤	103	2018/8/10	1
4	A4	赵恒	104	2018/8/11	2
5	A5	赵恒	104	2018/8/12	3

Python 实现

在 Python 中我们要想获取某列只需要在表 df 后面的方括号中指明要选择的列名即可。如果是一列，则只需要传入一个列名；如果是同时选择多列，则传入多个列名即可，多个列名用一个 list 存起来。

```
>>>df
   订单编号    客户姓名  唯一识别码    成交时间
0  A1          张通      101           2018-08-08
```

```
1   A2        李谷    102         2018-08-09
2   A3        孙凤    103         2018-08-10
3   A4        赵恒    104         2018-08-11
4   A5        赵恒    104         2018-08-12
>>>df["订单编号"]
0 A1
1 A2
2 A3
3 A4
4 A5
Name: 订单编号, dtype: object
>>>df[["订单编号","客户姓名"]]
  订单编号 客户姓名
0 A1        张通
1 A2        李谷
2 A3        孙凤
3 A4        赵恒
4 A5        赵恒
```

在 Python 中我们把这种通过传入列名选择数据的方式称为普通索引。

除了传入具体的列名，我们还可以传入具体列的位置，即第几列，对数据进行选取，通过传入位置来获取数据时需要用到 iloc 方法。

```
#获取第 1 列和第 3 列的数值
>>>df
    订单编号    客户姓名  唯一识别码    成交时间
0   A1        张通    101         2018-08-08
1   A2        李谷    102         2018-08-09
2   A3        孙凤    103         2018-08-10
3   A4        赵恒    104         2018-08-11
4   A5        赵恒    104         2018-08-12
>>>df.iloc[:,[0,2]]#获取第 1 列和第 3 列的数值
  订单编号  唯一识别码
0 A1         101
1 A2         102
2 A3         103
3 A4         104
4 A5         104
```

在上面的代码中，iloc 后的方括号中逗号之前的部分表示要获取的行的位置，只输入一个冒号，不输入任何数值表示获取所有的行；逗号之后的方括号表示要获取的列的位置，列的位置同样是也是从 0 开始计数。

我们把这种通过传入具体位置来选择数据的方式称为位置索引。

6.1.2 选择连续的某几列

Excel 实现

在 Excel 中，要选择连续的几列时，直接用鼠标选中这几列即可操作。当然了，

你也可以先选择一列，然后按住 Ctrl 键再去选择其他列，由于要选取的列是连续的，因此没必要这么麻烦。

Python 实现

在 Python 中可以通过前面介绍的普通索引和位置索引获取某一列或多列的数据。当你要获取的是连续的某几列，用普通索引和位置索引也是可以做到的，但是因为你要获取的列是连续的，所以只要传入这些连续列的位置区间即可，同样需要用到 iloc 方法。

```
#获取第 1 列到第 4 列的数据
>>>df
    订单编号     客户姓名   唯一识别码     成交时间
0   A1          张通       101           2018-08-08
1   A2          李谷       102           2018-08-09
2   A3          孙凤       103           2018-08-10
3   A4          赵恒       104           2018-08-11
4   A5          赵恒       104           2018-08-12
>>>df.iloc[:,0:3]#获取第 1 列到第 4 列的值
    订单编号     客户姓名   唯一识别码
0   A1          张通       101
1   A2          李谷       102
2   A3          孙凤       103
3   A4          赵恒       104
4   A5          赵恒       104
```

在上面的代码中，iloc 后的方括号中逗号之前的表示选择的行，当只传入一个冒号时，表示选择所有行；逗号后面表示要选择列的位置区间，0:3 表示选择第 1 列到第 4 列之间的值（包含第 1 列但不包含第 4 列），我们把这种通过传入一个位置区间来获取数据的方式称为切片索引。

6.2 行选择

6.2.1 选择某一行/某几行

Excel 实现

在 Excel 中选择行与选择列的方式是一样的，先选择一行，按住 Ctrl 键再选择其他行。

Python 实现

在 Python 中，获取行的方式主要有两种，一种是普通索引，即传入具体行索引的

名称，需要用到 loc 方法；另一种是位置索引，即传入具体的行数，需要用到 iloc 方法。

为了让大家看得更清楚，我们对行索引进行自定义。

```
#利用 loc 方法
>>>df
    订单编号      客户姓名   唯一识别码    成交时间
一  A1          张通       101          2018-08-08
二  A2          李谷       102          2018-08-09
三  A3          孙凤       103          2018-08-10
四  A4          赵恒       104          2018-08-11
五  A5          赵恒       104          2018-08-12
>>>df.loc["一"]#选择一行
订单编号            A1
客户姓名            张通
唯一识别码          101
成交时间      2018/8/8
Name: 一, dtype: object
>>>df.loc[["一","二"]]#选择第一行和第二行
    订单编号      客户姓名   唯一识别码    成交时间
一  A1          张通       101          2018-08-08
二  A2          李谷       102          2018-08-09
#利用 iloc 方法
>>>df
    订单编号      客户姓名   唯一识别码    成交时间
一  A1          张通       101          2018-08-08
二  A2          李谷       102          2018-08-09
三  A3          孙凤       103          2018-08-10
四  A4          赵恒       104          2018-08-11
五  A5          赵恒       104          2018-08-12
>>>df.iloc[0]#选择第一行
订单编号            A1
客户姓名            张通
唯一识别码          101
成交时间      2018/8/8
Name: 一, dtype: object
>>>df.iloc[[0,1]]#选择第一行和第二行
    订单编号      客户姓名   唯一识别码    成交时间
一  A1          张通       101          2018-08-08
二  A2          李谷       102          2018-08-09
```

6.2.2 选择连续的某几行

Excel 实现

在 Excel 中选择连续的某几行与选择连续的某几列方法一致，不再赘述。

Python 实现

在 Python 中，选择连续的某几行时，你同样可以把要选择的每一个行索引名字或者行索引的位置输进去。很显然这是没有必要的，只要把连续行的位置用一个区间表示，然后传给 iloc 即可。

```
>>>df
   订单编号    客户姓名  唯一识别码    成交时间
一  A1         张通      101          2018-08-08
二  A2         李谷      102          2018-08-09
三  A3         孙凤      103          2018-08-10
四  A4         赵恒      104          2018-08-11
五  A5         赵恒      104          2018-08-12
>>>df.iloc[0:3]#选择第一行到第三行
   订单编号    客户姓名  唯一识别码    成交时间
一  A1         张通      101          2018-08-08
二  A2         李谷      102          2018-08-09
三  A3         孙凤      103          2018-08-10
```

6.2.3 选择满足条件的行

前两节获取某一列时，获取的是这一列的所有行，我们还可以只筛选出这一列中满足条件的值。

比如年龄这一列，需要把非异常值（大于 200 的属于异常值），即小于 200 岁的年龄筛选出来，该怎么实现呢？

Excel 实现

在 Excel 中我们直接使用筛选功能，将满足条件的值筛选出来，筛选方法如下图所示。

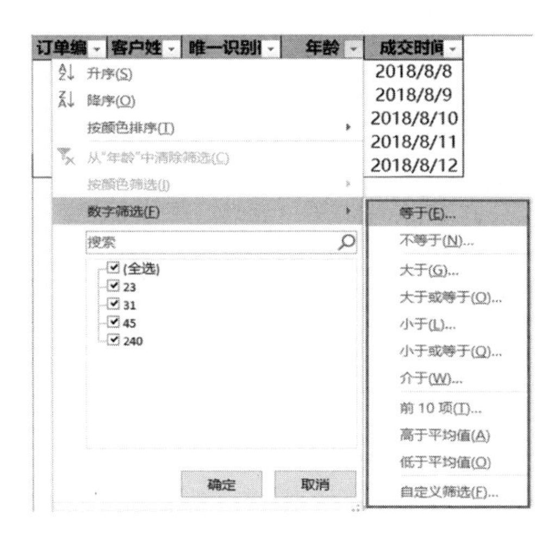

筛选年龄小于 200 的数据前后的对比如下图所示。

Before

订单编号	客户姓名	唯一识别码	年龄	成交时间
A1	张通	101	31	2018/8/8
A2	李谷	102	45	2018/8/9
A3	孙凤	103	23	2018/8/10
A4	赵恒	104	240	2018/8/11
A5	赵恒	104	240	2018/8/12

After

订单编号	客户姓名	唯一识别码	年龄	成交时间
A1	张通	101	31	2018/8/8
A2	李谷	102	45	2018/8/9
A3	孙凤	103	23	2018/8/10

Python 实现

在 Python 中，我们直接在表名后面指明哪列要满足什么条件，就可以把满足条件的数据筛选出来。

```
>>>df
   订单编号  客户姓名  唯一识别码  年龄  成交时间
0  A1        张通      101         31    2018-08-08
1  A2        李谷      102         45    2018-08-09
2  A3        孙凤      103         23    2018-08-10
3  A4        赵恒      104         240   2018-08-11
4  A5        赵恒      104         240   2018-08-12
>>>df[df["年龄"]<200]#选择年龄小于 200 的数据
   订单编号  客户姓名  唯一识别码  年龄  成交时间
0  A1        张通      101          31   2018-08-08
1  A2        李谷      102          45   2018-08-09
2  A3        孙凤      103          23   2018-08-10
```

我们把上面这种通过传入一个判断条件来选择数据的方式称为布尔索引。

传入的条件还可以是多个，如下为选择的年龄小于 200 且唯一识别码小于 102 的数据。

```
>>>df[(df["年龄"]<200) & (df["唯一识别码"]<102)]
   订单编号  客户姓名  唯一识别码  年龄  成交时间
0  A1        张通      101         31    2018-08-08
```

6.3 行列同时选择

上面的数据选择都是针对单一的行或列进行选择，实际业务中我们也会用到行、列同时选择，所谓的行、列同时选择就是选择出行和列的相交部分。

例如，我们要选择第二、三行和第二、三列相交部分的数据，下图中的阴影部分就是最终的选择结果。

订单编号	客户姓名	唯一识别码	年龄	成交时间
A1	张通	101	31	2018/8/8
A2	**李谷**	**102**	45	2018/8/9
A3	**孙凤**	**103**	23	2018/8/10
A4	赵恒	104	240	2018/8/11
A5	赵恒	104	240	2018/8/12

行列同时选择在 Excel 中主要是通过鼠标拖曳实现的，与前面的单一行/列选择方法一致，此处不再赘述，接下来主要讲讲在 Python 中如何实现。

6.3.1 普通索引+普通索引选择指定的行和列

普通索引+普通索引就是通过同时传入行和列的索引名称进行数据选择，需要用到 loc 方法。

```
#获取第一行、第三行和第一列、第三列数据
>>>df
    订单编号     客户姓名   唯一识别码    成交时间
一    A1         张通       101          2018-08-08
二    A2         李谷       102          2018-08-09
三    A3         孙凤       103          2018-08-10
四    A4         赵恒       104          2018-08-11
五    A5         赵恒       104          2018-08-12

#用 loc 方法传入行列名称
>>>df.loc[["一","三"],["订单编号","唯一识别码"]]
    订单编号     唯一识别码
一   A1          101
三   A3          103
```

loc 方法中的第一对方括号表示行索引的选择，传入行索引名称；loc 方法中的第二对方括号表示列索引的选择，传入列索引名称。

6.3.2 位置索引+位置索引选择指定的行和列

位置索引+位置索引是通过同时传入行、列索引的位置来获取数据，需要用到 iloc 方法。

```
#获取第一行、第二行和第一列、第三列数据
>>>df
    订单编号     客户姓名   唯一识别码    成交时间
一    A1         张通       101          2018-08-08
二    A2         李谷       102          2018-08-09
三    A3         孙凤       103          2018-08-10
四    A4         赵恒       104          2018-08-11
五    A5         赵恒       104          2018-08-12
#用 iloc 方法传入行列位置
>>>df.iloc[[0,1],[0,2]]
    订单编号     唯一识别码
一   A1          101
二   A2          102
```

在 iloc 方法中的第一对方括号表示行索引的选择，传入要选择行索引的位置；第二对方括号表示列索引的选择，传入要选择列索引的位置。行和列索引的位置都是从 0 开始计数。

6.3.3 布尔索引+普通索引选择指定的行和列

布尔索引+普通索引是先对表进行布尔索引选择行，然后通过普通索引选择列。

```
>>>df
    订单编号  客户姓名  唯一识别码  年龄  成交时间
0   A1        张通      101         31    2018-08-08
1   A2        李谷      102         45    2018-08-09
2   A3        孙凤      103         23    2018-08-10
3   A4        赵恒      104         240   2018-08-11
4   A5        赵恒      104         240   2018-08-12

>>>df[df["年龄"]<200][["订单编号","年龄"]]
    订单编号    年龄
一   A1         31
二   A2         45
三   A3         23
```

上面的代码表示选择年龄小于 200 的订单编号和年龄，先通过布尔索引选择出年龄小于 200 的所有行，然后通过普通索引选择订单编号和年龄这两列。

6.3.4 切片索引+切片索引选择指定的行和列

切片索引+切片索引是通过同时传入行、列索引的位置区间进行数据选择。

```
#选择第一到第三行，第二列到第三列
>>>df
    订单编号    客户姓名  唯一识别码    成交时间
一  A1          张通      101           2018-08-08
二  A2          李谷      102           2018-08-09
三  A3          孙凤      103           2018-08-10
四  A4          赵恒      104           2018-08-11
五  A5          赵恒      104           2018-08-12
>>>df.iloc[0:3,1:3]
    客户姓名    唯一识别码
一  张通        101
二  李谷        102
三  孙凤        103
```

6.3.5 切片索引+普通索引选择指定的行和列

前面我们说过，如果是普通索引，就直接传入行或列名，用 loc 方法即可；如果是切片索引，也就是传入行或列的位置区间，要用 iloc 方法。如果是切片索引+普通索引，也就是行（列）用切片索引，列（行）用普通索引，这种交叉索引要用 ix 方法。

```
#选择第一到第三行，客户姓名和唯一识别码这两列
>>>df
     订单编号     客户姓名   唯一识别码     成交时间
一   A1           张通        101            2018-08-08
二   A2           李谷        102            2018-08-09
三   A3           孙凤        103            2018-08-10
四   A4           赵恒        104            2018-08-11
五   A5           赵恒        104            2018-08-12
>>>df.ix[0:3,["客户姓名","唯一识别码"]]
     客户姓名   唯一识别码
一   张通       101
二   李谷       102
三   孙凤       103
```

第 7 章

切配菜品——数值操作

我们把菜品挑选出来以后，就可以开始切菜了。比如要做凉拌黄瓜丝，把黄瓜找出来以后，你就可以把黄瓜切成丝了。

7.1 数值替换

数值替换就是将数值 A 替换成 B，可以用在异常值替换处理、缺失值填充处理中。主要有一对一替换、多对一替换、多对多替换三种替换方法。

7.1.1 一对一替换

一对一替换是将某一块区域中的一个值全部替换成另一个值。已知现在有一个年龄值是 240，很明显这是一个异常值，我们要把它替换成一个正常范围内的年龄值（用正常年龄的均值 33），怎么实现呢？

Excel 实现

在 Excel 中对某个值进行替换，首先要把待替换的区域选中，如果只是替换某一列中的值，只需要选中这一列即可；如果要在一片区域中进行替换，那么拖动鼠标选中这一片区域。然后依次单击编辑菜单栏中的查找和选择>替换选项（如下图所示）即可调出替换界面。使用快捷键 Ctrl+H 也可以调出替换界面。

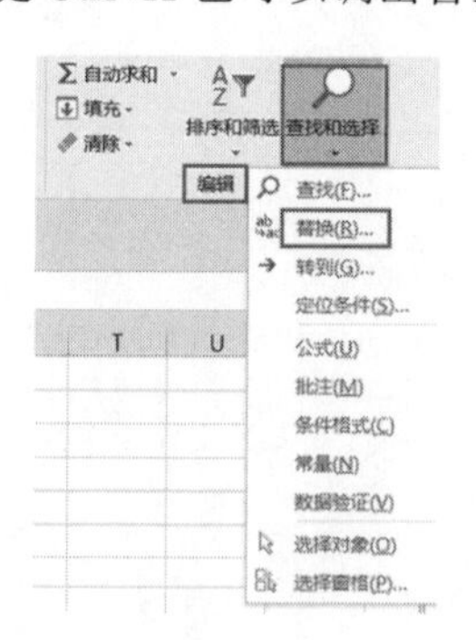

下图为替换界面，分别输入查找内容和替换内容，然后根据需要单击全部替换或者替换即可。

查找和替换 ? ×
查找(D) 替换(P)
查找内容(N): 240
替换为(E): 33
选项(T) >>
全部替换(A) 替换(R) 查找全部(I) 查找下一个(F) 关闭

Python 实现

在 Python 中对某个值进行替换利用的是 replace()方法，replace(A,B)表示将 A 替换成 B。

```
#将 240 岁的年龄替换成 33 岁
>>>df
    订单编号   客户姓名   唯一识别码   年龄   成交时间
0   A1         张通       101          31     2018-08-08
1   A2         李谷       102          45     2018-08-09
2   A3         孙凤       103          23     2018-08-10
3   A4         赵恒       104          240    2018-08-11
4   A5         赵恒       104          240    2018-08-12
>>>df["年龄"].replace(240,33,inplace=True)
>>>df
    订单编号   客户姓名   唯一识别码   年龄   成交时间
0   A1         张通       101          31     2018-08-08
1   A2         李谷       102          45     2018-08-09
2   A3         孙凤       103          23     2018-08-10
3   A4         赵恒       104          33     2018-08-11
4   A5         赵恒       104          33     2018-08-12
```

上面的代码是对年龄这一列进行替换，所以把年龄这一列选中，然后调用 replace()方法。有时候要对整个表进行替换，比如对全表中的缺失值进行替换，这个时候 replace()方法就相当于 fillna()方法了。

```
>>>df
    编号   年龄   性别   注册时间
0   A1     54     男     2018/8/8
1   A2     16     NaN    2018/8/9
2   NaN    NaN    NaN    NaN
3   A4     41     男     2018/8/11
>>>df.replace(np.NaN,0)
    编号   年龄   性别   注册时间
0   A1     54     男     2018/8/8
```

```
1   A2    16    0    2018/8/9
2   0     0     0    0
3   A4    41    男   2018/8/11
```

np.NaN 是 Python 中对缺失值的一种表示方法。

7.1.2 多对一替换

多对一替换就是把一块区域中的多个值替换成某一个值，已知现在有三个异常年龄（240、260、280），需要把这三个年龄都替换成正常范围年龄的平均值 33，该怎么实现呢？

Excel 实现

在 Excel 中需要借助 if 函数来实现多对一替换。已知年龄这一列是 D 列，要想对多个异常值进行替换，可以通过如下函数实现。

```
=if(OR(D:D=240,D:D=260,D:D=280),33,D:D)
```

上面的公式借助了 Excel 中的 OR()函数，表示如果 D 列等于 240、260 或者 280 时，该单元格的值为 33，否则为 D 列的值。替换后的结果如下图所示。

订单编号	客户姓名	唯一识别码	年龄	成交时间	替换后的值
A1	张通	101	31	2018/8/8	31
A2	李谷	102	45	2018/8/9	45
A3	孙凤	103	23	2018/8/10	23
A4	赵恒	104	240	2018/8/11	33
A5	赵恒	104	240	2018/8/12	33

Python 实现

在 Python 中实现多对一的替换比较简单，同样也是利用 replace()方法，replace([A,B],C)表示将 A、B 替换成 C。

```
>>>df
   订单编号  客户姓名  唯一识别码  年龄   成交时间
0  A1        张通      101         31     2018-08-08
1  A2        李谷      102         45     2018-08-09
2  A3        孙凤      103         23     2018-08-10
3  A4        赵恒      104         240    2018-08-11
4  A5        赵恒      104         260    2018-08-12
5  A6        王丹      105         280    2018-08-12
>>>df.replace([240,260,280],33)
   订单编号  客户姓名  唯一识别码  年龄   成交时间
0  A1        张通      101         31     2018-08-08
1  A2        李谷      102         45     2018-08-09
2  A3        孙凤      103         23     2018-08-10
3  A4        赵恒      104         33     2018-08-11
4  A5        赵恒      104         33     2018-08-12
5  A6        王丹      105         33     2018-08-12
```

7.1.3 多对多替换

多对多替换其实就是某个区域中多个一对一的替换。比如将年龄异常值 240 替换成平均值减一，260 替换成平均值，280 替换成平均值加一，该怎么实现呢？

Excel 实现

若想在 Excel 中实现，需要借助函数，且需要多个 if 嵌套语句来实现，同样已知年龄列为 D 列，具体函数如下：

```
=if(D:D=240,32,if(D:D=260,33,if(D:D=280,34,D:D)))
```

下图为该函数执行的流程。

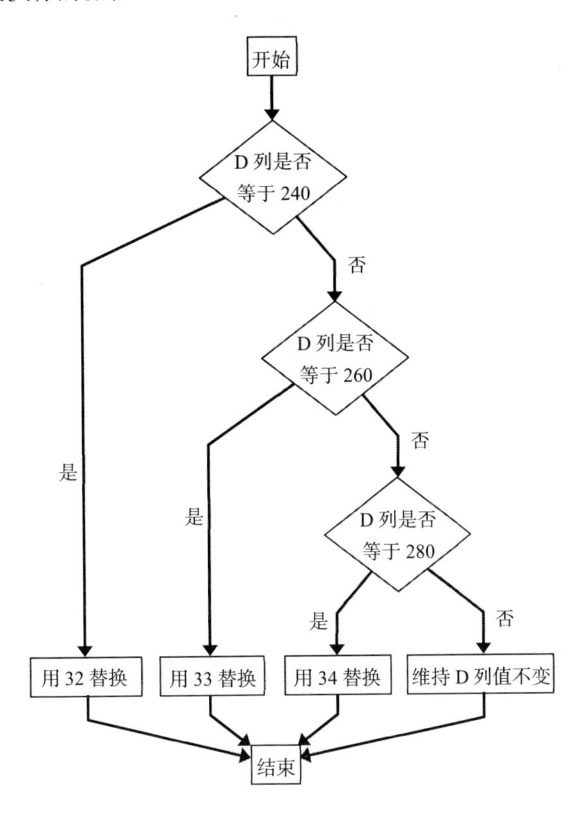

替换后的结果如下图所示。

订单编号	客户姓名	唯一识别码	年龄	成交时间	替换后的值
A1	张通	101	31	2018/8/8	31
A2	李谷	102	45	2018/8/9	45
A3	孙凤	103	23	2018/8/10	23
A4	赵恒	104	240	2018/8/11	32
A5	赵恒	104	260	2018/8/12	33
A6	赵恒	104	280	2018/8/12	34

Python 实现

在 Python 中若想实现多对多的替换，同样是借助 replace()方法，将替换值与待替换值用字典的形式表示，replace({"A":"a","B":"b"}表示用 a 替换 A，用 b 替换 B。

```
>>>df
   订单编号  客户姓名  唯一识别码  年龄   成交时间
0  A1       张通      101        31    2018-08-08
1  A2       李谷      102        45    2018-08-09
2  A3       孙凤      103        23    2018-08-10
3  A4       赵恒      104        240   2018-08-11
4  A5       赵恒      104        260   2018-08-12
5  A6       王丹      105        280   2018-08-12
>>>df.replace({240:32,260:33,280:34})
   订单编号  客户姓名  唯一识别码  年龄   成交时间
0  A1       张通      101        31    2018-08-08
1  A2       李谷      102        45    2018-08-09
2  A3       孙凤      103        23    2018-08-10
3  A4       赵恒      104        32    2018-08-11
4  A5       赵恒      104        33    2018-08-12
5  A6       王丹      105        34    2018-08-12
```

7.2 数值排序

数值排序是按照具体数值的大小进行排序，有升序和降序两种，升序就是数值由小到大排列，降序是数值由大到小排列。

7.2.1 按照一列数值进行排序

按照一列数值进行排序就是整个数据表都以某一列为准，进行升序或降序排列。

Excel 实现

在 Excel 中想要按照某列进行数值排序，只要选中这一列的字段名，然后单击编辑菜单栏下的排序和筛选按钮，在下拉菜单中选择升序或降序选项即可，操作流程如下图所示。

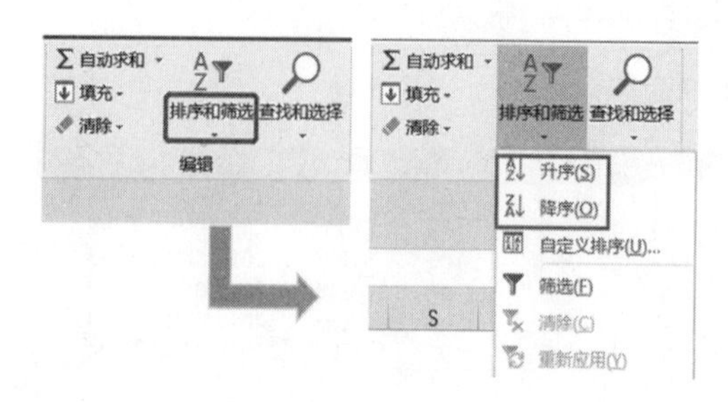

按照销售 ID 进行升序排列前后的结果如下图所示。

Before

订单编号	客户姓名	唯一识别码	年龄	成交时间	销售ID
A1	张通	101	31	2018/8/8	1
A2	李谷	102	45	2018/8/9	2
A3	孙凤	103	23	2018/8/10	1
A4	赵恒	104	36	2018/8/11	2
A5	王娜	105	21	2018/8/11	3

After

订单编号	客户姓名	唯一识别码	年龄	成交时间	销售ID
A1	张通	101	31	2018/8/8	1
A3	孙凤	103	23	2018/8/10	1
A2	李谷	102	45	2018/8/9	2
A4	赵恒	104	36	2018/8/11	2
A5	王娜	105	21	2018/8/11	3

Python 实现

在 Python 中我们若想按照某列进行排序，需要用到 sort_values()方法，在 sort_values 后的括号中指明要排序的列名，以及升序还是降序排列。

```
df.sort_values(by = ["col1"],ascending = False)
```

上面代码表示 df 表按照 col1 列进行排序，ascending = False 表示按照 col1 列进行降序排列。ascending 参数默认值为 True，表示升序排列。所以，如果是要根据 col1 列进行升序排序，则可以只指明列名，不需要额外声明排序方式。

```
df.sort_values(by = ["col1"])
```

```
>>>df
    订单编号  客户姓名  唯一识别码  年龄  成交时间      销售 ID
0   A1        张通      101         31    2018-08-08  1
1   A2        李谷      102         45    2018-08-09  2
2   A3        孙凤      103         23    2018-08-10  1
3   A4        赵恒      104         36    2018-08-11  2
4   A5        王娜      105         21    2018-08-11  3
#按照销售 ID 升序排列
>>>df.sort_values(by = ["销售 ID"])
    订单编号  客户姓名  唯一识别码  年龄  成交时间      销售 ID
0   A1        张通      101         31    2018-08-08  1
2   A3        孙凤      103         23    2018-08-10  1
1   A2        李谷      102         45    2018-08-09  2
3   A4        赵恒      104         36    2018-08-11  2
4   A5        王娜      105         21    2018-08-11  3
#按照销售 ID 降序排列
>>>df.sort_values(by = ["销售 ID"],ascending = False)
    订单编号  客户姓名  唯一识别码  年龄  成交时间      销售 ID
4   A5        王娜      105         21    2018-08-11  3
1   A2        李谷      102         45    2018-08-09  2
3   A4        赵恒      104         36    2018-08-11  2
0   A1        张通      101         31    2018-08-08  1
2   A3        孙凤      103         23    2018-08-10  1
```

7.2.2 按照有缺失值的列进行排序

Python 实现

在 Python 中，当待排序的列中有缺失值时，可以通过设置 na_position 参数对缺失值的显示位置进行设置，默认参数值为 last，可以不写，表示将缺失值显示在最后。

```
>>>df
   订单编号  客户姓名  唯一识别码  年龄  成交时间      销售 ID
0  A1       张通      101        31   2018-08-08  1
1  A2       李谷      102        45   2018-08-09  2
2  A3       孙凤      103        23   2018-08-10  NaN
3  A4       赵恒      104        36   2018-08-11  2
4  A5       王娜      105        21   2018-08-11  3
>>>df.sort_values(by = ["销售 ID"])
   订单编号  客户姓名  唯一识别码  年龄  成交时间      销售 ID
0  A1       张通      101        31   2018-08-08  1
1  A2       李谷      102        45   2018-08-09  2
3  A4       赵恒      104        36   2018-08-11  2
4  A5       王娜      105        21   2018-08-11  3
2  A3       孙凤      103        23   2018-08-10  NaN
```

通过设置 na_position 参数将缺失值显示在最前面。

```
>>>df.sort_values(by = ["销售 ID"],na_position = "first")
   订单编号  客户姓名  唯一识别码  年龄  成交时间      销售 ID
2  A3       孙凤      103        23   2018-08-10  NaN
0  A1       张通      101        31   2018-08-08  1
1  A2       李谷      102        45   2018-08-09  2
3  A4       赵恒      104        36   2018-08-11  2
4  A5       王娜      105        21   2018-08-11  3
```

7.2.3 按照多列数值进行排序

按照多列数值排序是指同时依据多列数据进行升序、降序排列，当第一列出现重复值时按照第二列进行排序，当第二列出现重复值时按照第三列进行排序，以此类推。

Excel 实现

在 Excel 中实现按照多列排序，选中待排序的所有数据，单击编辑菜单栏下的排序和筛选按钮，在下拉菜单中选择自定义排序选项就会出现如下图所示界面。添加条件就是添加按照排序的列，在次序里面可以单独定义每一列的升序或降序。

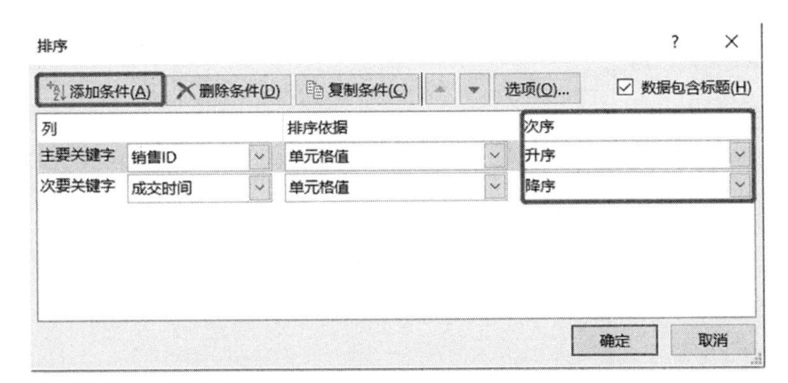

举个例子，对下图左侧的 Before 表先按照销售 ID 升序排列，当遇到重复的销售 ID 时，再按成交时间降序排列，得出下图右侧的 After 表。

Before

订单编号	客户姓名	唯一识别码	年龄	成交时间	销售ID
A1	张通	101	31	2018/8/8	1
A2	李谷	102	45	2018/8/9	2
A3	孙凤	103	23	2018/8/10	1
A4	赵恒	104	36	2018/8/11	2
A5	王娜	105	21	2018/8/11	3

After

订单编号	客户姓名	唯一识别码	年龄	成交时间	销售ID
A3	孙凤	103	23	2018/8/10	1
A1	张通	101	31	2018/8/8	1
A4	赵恒	104	36	2018/8/11	2
A2	李谷	102	45	2018/8/9	2
A5	王娜	105	21	2018/8/11	3

Python 实现

在 Python 中实现按照多列进行排序，用到的方法同样是 sort_values()，只要在 sort-values 后的括号中以列表的形式指明要排序的多列列名及每列的排序方式即可。

```
df.sort_values(by = ["col1","col2"],ascending = [True,False])
```

上面代码表示 df 表先按照 col1 列进行升序排列，当 col1 列遇到重复时，再按照 col2 列进行降序排列。对于表 df 我们依旧先按照销售 ID 升序排列，当遇到重复的销售 ID 时，再按成交时间降序排列，代码如下所示。

```
>>>df
   订单编号   客户姓名   唯一识别码   年龄   成交时间      销售 ID
0  A1        张通      101         31    2018-08-08    1
1  A2        李谷      102         45    2018-08-09    2
2  A3        孙凤      103         23    2018-08-10    1
3  A4        赵恒      104         36    2018-08-11    2
4  A5        王娜      105         21    2018-08-11    3
>>>df.sort_values(by = ["销售 ID","成交时间"],ascending = [True,False])
   订单编号   客户姓名   唯一识别码   年龄   成交时间      销售 ID
2  A3        孙凤      103         23    2018-08-10    1
0  A1        张通      101         31    2018-08-08    1
3  A4        赵恒      104         36    2018-08-11    2
1  A2        李谷      102         45    2018-08-09    2
4  A5        王娜      105         21    2018-08-11    3
```

7.3 数值排名

数值排名和数值排序是相对应的，排名会新增一列，这一列用来存放数据的排名情况，排名是从 1 开始的。

Excel 实现

在 Excel 中用于排名的函数有 RANK.AVG()和 RANK.EQ()两个。

当待排名的数值没有重复值时，这两个函数的效果是完全一样的，两个函数的不同在于处理重复值方式的不同。

RANK.AVG(number,ref,order)

number 表示待排名的数值，ref 表示一整列数值的范围，order 用来指明降序还是升序排名。当待排名的数值有重复值时，返回重复值的平均排名。

对销售 ID 进行平均排名以后的结果如下图所示。图中销售 ID 为 1 的值有两个，假设一个排名是 1，另一个排名是 2，那么二者的均值就是 1.5，所以平均排名就是 1.5；销售 ID 为 2 的值同样有两个，同样假设一个排名为 3，另一个排名是 4，那么二者的均值是 3.5，所以平均排名就是 3.5；销售 ID 为 3 的值没有重复值，所以排名就是 5。

=RANK.AVG(G2,$G$2:$G$6,1)

订单编号	客户姓名	唯一识别码	年龄	成交时间	销售ID	平均排名
A1	张通	101	31	2018/8/8	1	1.5
A2	李谷	102	45	2018/8/9	2	3.5
A3	孙凤	103	23	2018/8/10	1	1.5
A4	赵恒	104	36	2018/8/11	2	3.5
A5	王娜	105	21	2018/8/11	3	5

RANK.EQ(number,ref,order)

RANK.EQ 的参数值与 RANK.AVG 的意思一样。当待排名的数值有重复值时，RANK.EQ 返回重复值的最佳排名。

对销售 ID 进行最佳排名以后的结果如下图所示。图中销售 ID 为 1 的值有两个，第一个重复值的排名为 1，所以两个值的最佳排名均为 1；销售 ID 为 2 的值也有两个，第一个重复值的排名为 3，所以两个值的最佳排名均为 3；销售 ID 为 3 的值没有重复值，最佳排名为 5。

=RANK.EQ(G2,$G$2:$G$6,1)

订单编号	客户姓名	唯一识别码	年龄	成交时间	销售ID	最佳排名
A1	张通	101	31	2018/8/8	1	1
A2	李谷	102	45	2018/8/9	2	3
A3	孙凤	103	23	2018/8/10	1	1
A4	赵恒	104	36	2018/8/11	2	3
A5	王娜	105	21	2018/8/11	3	5

Python 实现

在 Python 中对数值进行排名，需要用到 rank()方法。rank()方法主要有两个参数，一个是 ascending，用来指明升序排列还是降序排列，默认为升序排列，和 Excel 中 order 的意思一致；另一个是 method，用来指明待排列值有重复值时的处理情况。下表是参数 method 可取的不同参数值及说明。

method	说　明
average	与 Excel 中 RANK.AVG 函数的功能一样
first	按值在所有的待排列数据中出现的先后顺序排名
min	与 Excel 中 RANK.EQ 函数的功能一样
max	与 min 相反，取重复值对应的最大排名

method 取值为 average 时的排名情况，与 Excel 中 RANK.AVG 函数的一致。

```
>>>df["销售 ID"]
0    1
1    2
2    1
3    2
4    3
Name: 销售 ID, dtype: int64
>>>df["销售 ID"].rank(method = "average")
0    1.5
1    3.5
2    1.5
3    3.5
4    5.0
Name: 销售 ID, dtype: float64
```

method 取值为 first 时的排名情况，销售 ID 为 1 的值有两个，第一个出现的排名为 1，第二个出现的排名为 2；销售 ID 为 2 的以此类推。

```
>>>df["销售 ID"].rank(method = "first")
0    1.0
1    3.0
2    2.0
3    4.0
4    5.0
Name: 销售 ID, dtype: float64
```

method 取值为 min 时的排名情况，与 Excel 中 RANK.EQ 函数的一致。

```
>>>df["销售 ID"].rank(method = "min")
0    1.0
1    3.0
2    1.0
3    3.0
4    5.0
Name: 销售 ID, dtype: float64
```

method 取值为 max 时的排名情况，与 method 取值 min 时相反，销售 ID 为 1 的值有两个，第二个重复值的排名为 2，所以两个值的排名均为 2；销售 ID 为 2 的值有两个，第二个重复值的排名为 4，所以两个值的排名均为 4。

```
>>>df["销售 ID"].rank(method = "max")
0    2.0
1    4.0
2    2.0
3    4.0
4    5.0
Name: 销售 ID, dtype: float64
```

7.4 数值删除

数值删除是对数据表中一些无用的数据进行删除操作。

7.4.1 删除列

Excel 实现

在 Excel 中，要删除某一列或某几列，只需要选中这些列，然后单击鼠标右键，在弹出的菜单中选择删除选项即可（或者单击鼠标右键以后按 D 键），如下图所示。

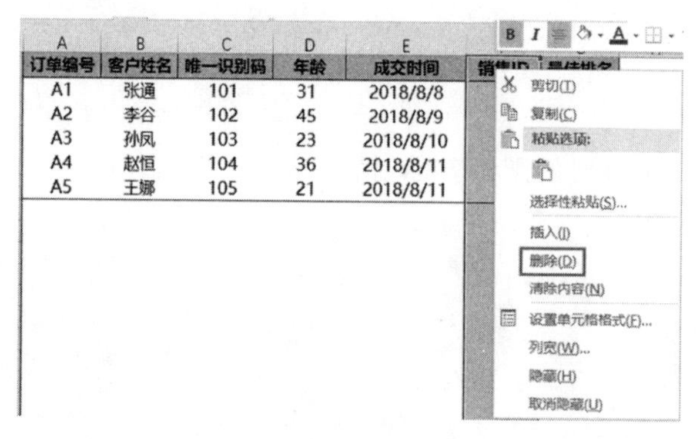

Python 实现

在 Python 中，要删除某列，用到的是 drop()方法，即在 drop 方法后的括号中指明要删除的列名或者列的位置，即第几列。

在 drop 方法后的括号中直接传入待删除列的列名，需要加一个参数 axis，并让其参数值等于 1，表示删除列。

```
>>>df
   订单编号  客户姓名    唯一识别码   年龄    成交时间     销售 ID
0  A1       张通        101         31    2018-08-08  1
```

```
1   A2      李谷       102       45    2018-08-09  2
2   A3      孙凤       103       23    2018-08-10  1
3   A4      赵恒       104       36    2018-08-11  2
4   A5      王娜       105       21    2018-08-11  3
>>>df.drop(["销售 ID","成交时间"],axis = 1)
    订单编号  客户姓名    唯一识别码  年龄
0   A1      张通       101       31
1   A2      李谷       102       45
2   A3      孙凤       103       23
3   A4      赵恒       104       36
4   A5      王娜       105       21
```

还可以在 drop 方法后的括号中直接传入待删除列的位置，但也需要用 axis 参数。

```
#删除第 5 列和第 6 列数
>>>df.drop(df.columns[[4,5]],axis = 1)
    订单编号  客户姓名    唯一识别码  年龄
0   A1      张通       101       31
1   A2      李谷       102       45
2   A3      孙凤       103       23
3   A4      赵恒       104       36
4   A5      王娜       105       21
```

也可以将列名以列表的形式传给 columns 参数，这个时候就不需要 axis 参数了。

```
>>>df.drop(columns = ["销售 ID","成交时间"])
    订单编号  客户姓名    唯一识别码  年龄
0   A1      张通       101       31
1   A2      李谷       102       45
2   A3      孙凤       103       23
3   A4      赵恒       104       36
4   A5      王娜       105       21
```

7.4.2 删除行

Excel 实现

在 Excel 中，要删除某些行使用的方法与删除列是一致的，先选中要删除的行，然后单击鼠标右键，在弹出的下拉菜单中选择删除选项就可以删除行了。

Python 实现

在 Python 中，要删除某些行用到的方法依然是 drop()，与删除列类似的是，删除行也要指明行相关的信息。

在 drop 方法后的括号中直接传入待删除行的行名，并让 axis 参数值等于 0，表示删除行。

```
#为了与位置区分，所以将行名进行了修改
>>>df
     订单编号  客户姓名  唯一识别码  年龄  成交时间     销售 ID
0a   A1      张通      101       31   2018-08-08   1
1b   A2      李谷      102       45   2018-08-09   2
2c   A3      孙凤      103       23   2018-08-10   1
3d   A4      赵恒      104       36   2018-08-11   2
4e   A5      王娜      105       21   2018-08-11   3
>>>df.drop(["0a","1b"],axis = 0)
     订单编号  客户姓名  唯一识别码  年龄  成交时间     销售 ID
2c   A3      孙凤      103       23   2018-08-10   1
3d   A4      赵恒      104       36   2018-08-11   2
4e   A5      王娜      105       21   2018-08-11   3
```

除了传入行索引名称，还可以在 drop 方法后的括号中直接传入待删除行的行号，也需要用 axis 参数，并让其参数值等于 0。

```
#删除第一行和第二行数据
>>>df.drop(df.index[[0,1]],axis = 0)
     订单编号  客户姓名  唯一识别码  年龄  成交时间     销售 ID
2c   A3      孙凤      103       23   2018-08-10   1
3d   A4      赵恒      104       36   2018-08-11   2
4e   A5      王娜      105       21   2018-08-11   3
```

也可以将待删除行的行名传给 index 参数，这个时候就不需要 axis 参数了。

```
#删除第一行和第二行数据
>>>df.drop(index = ["0a","1b"])
     订单编号  客户姓名  唯一识别码  年龄  成交时间     销售 ID
2c   A3      孙凤      103       23   2018-08-10   1
3d   A4      赵恒      104       36   2018-08-11   2
4e   A5      王娜      105       21   2018-08-11   3
```

7.4.3 删除特定行

删除特定行一般指删除满足某个条件的行，我们前面的异常值删除算是删除特定的行。

Excel 实现

在 Excel 中删除特定行分为两步，第一步先将符合条件的行筛选出来，第二步选中这些筛选出来的行然后单击鼠标右键，在弹出的下拉菜单中选择删除选项。

Python 实现

在 Python 中删除特定行使用的方法有些特殊，我们不直接删除满足条件的值，而是把不满足条件的值筛选出来作为新的数据源，这样就把要删除的行过滤掉了。

在如下例子中，要删除年龄值大于等于 40 对应的行，我们并不直接删除这一部分，而是把它的相反部分取出来，即把年龄小于 40 的行筛选出来作为新的数据源。

```
>>>df
   订单编号  客户姓名  唯一识别码   年龄  成交时间       销售 ID
0  A1        张通      101          31    2018-08-08     1
1  A2        李谷      102          45    2018-08-09     2
2  A3        孙凤      103          23    2018-08-10     1
3  A4        赵恒      104          36    2018-08-11     2
4  A5        王娜      105          21    2018-08-11     3
>>>df[df["年龄"]<40]
  订单编号  客户姓名  唯一识别码   年龄  成交时间     销售 ID
0  A1        张通      101          31    2018-08-08     1
2  A3        孙凤      103          23    2018-08-10     1
3  A4        赵恒      104          36    2018-08-11     2
4  A5        王娜      105          21    2018-08-11     3
```

7.5 数值计数

数值计数就是计算某个值在一系列数值中出现的次数。

Excel 实现

在 Excel 中实现数值计数，我们使用的是 COUNTIF()函数，COUNTIF()函数用来计算某个区域中满足给定条件的单元格数目。

```
= COUNTIF(range,criteria)
```

range 表示一系列值的范围，criteria 表示某一个值或者某一个条件。

销售 ID 的值的计数结果如下图所示。销售 ID 为 1 的值在 F2:F6 这个范围内出现了两次；销售 ID 为 2 的值在该范围内也出现了两次；销售 ID 为 3 的值出现了 1 次。

=COUNTIF($F$2:$F$6,F2)

A	B	C	D	E	F	G
订单编号	客户姓名	唯一识别码	年龄	成交时间	销售ID	值计数
A1	张通	101	31	2018/8/8	1	2
A2	李谷	102	45	2018/8/9	2	2
A3	孙凤	103	23	2018/8/10	1	2
A4	赵恒	104	36	2018/8/11	2	2
A5	王娜	105	21	2018/8/11	3	1

Python 实现

在 Python 中，要对某些值的出现次数进行计数，我们用到的方法是 value_counts()。

```
>>>df
   订单编号  客户姓名  唯一识别码   年龄  成交时间       销售 ID
0  A1        张通      101          31    2018-08-08     1
```

```
1   A2        李谷      102          45     2018-08-09    2
2   A3        孙凤      103          23     2018-08-10    1
3   A4        赵恒      104          36     2018-08-11    2
4   A5        王娜      105          21     2018-08-11    3
>>>df["销售 ID"].value_counts()
2    2
1    2
3    1
Name: 销售 ID, dtype: int64
```

上面代码运行的结果表示销售 ID 为 2 的值出现了两次，销售 ID 为 1 的值出现了两次，销售 ID 为 3 的值出现了 1 次。这些是值出现的绝对次数，还可以看一下不同值出现的占比，只需要给 value_counts()方法传入参数 normalize = True 即可。

```
>>>df["销售 ID"].value_counts(normalize = True)
2    0.4
1    0.4
3    0.2
Name: 销售 ID, dtype: float64
```

上面代码的运行结果表示销售 ID 为 2 的值的占比为 0.4，销售 ID 为 1 的值的占比为 0.4，销售 ID 为 3 的值的占比为 0.2。上面销售 ID 的排序是 2、1、3，这是按照计数值降序排列的（0.4、0.4、0.2），通过设置 sort=False 可以实现不按计数值降序排列。

```
>>>df["销售 ID"].value_counts(normalize = True,sort = False)
1    0.4
2    0.4
3    0.2
Name: 销售 ID, dtype: float64
```

7.6 唯一值获取

唯一值获取就是把某一系列值删除重复项以后的结果，一般可以将表中某一列认为是一系列值。

Excel 实现

在 Excel 中，我们若想查看某一列数值中的唯一值，可以把这一列数值复制粘贴出来，然后删除重复项，剩下的就是唯一值了。

Python 实现

在 Python 中，我们要获取一列值的唯一值，整体思路与 Excel 的是一致的，先把某一列的值复制粘贴出来，然后用删除重复项的方法实现，关于删除重复项在前面讲过了，本节用另一种获取唯一值的方法 unique()实现。

举个例子，对表 df 中的销售 ID 取唯一值，先把销售 ID 取出来，然后利用 unique()方法获取唯一值，代码如下所示。

```
>>>df
   订单编号  客户姓名  唯一识别码  年龄  成交时间     销售 ID
0  A1       张通     101       31   2018-08-08   1
1  A2       李谷     102       45   2018-08-09   2
2  A3       孙凤     103       23   2018-08-10   1
3  A4       赵恒     104       36   2018-08-11   2
4  A5       王娜     105       21   2018-08-11   3
>>>df["销售 ID"].unique()
array([1, 2, 3], dtype=int64)
```

7.7 数值查找

数值查找就是查看数据表中的数据是否包含某个值或者某些值。

Excel 实现

在 Excel 中我们要想查看数据表中是否包含某个值可以直接利用查找功能。首先要把待查找区域选中，可以选择一列或者多列，如果不选，则默认在全表中查询，然后单击编辑菜单栏的查找和选择按钮，在下拉菜单中选择查找选项，如下图所示。

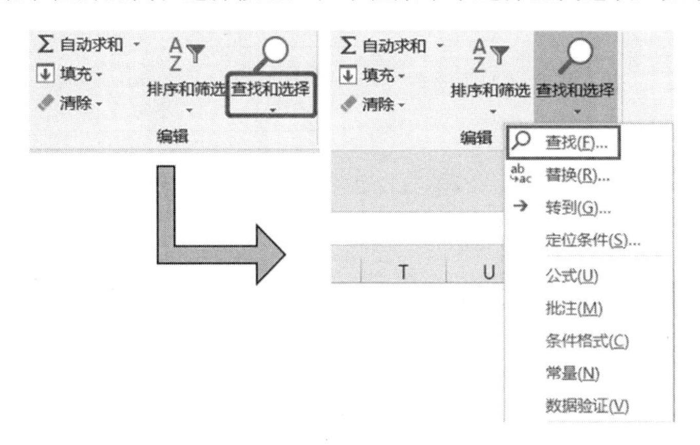

下图为选择查找选项后弹出的查找和替换对话框（也可以使用快捷键 Ctrl+F 打开查找和替换对话框），在查找内容框输入要查找的内容即可，可以选择查找全部，这样就会把所有查找到的内容显示出来；也可以选择查找下一个，这样会把查找结果一个一个显示出来。

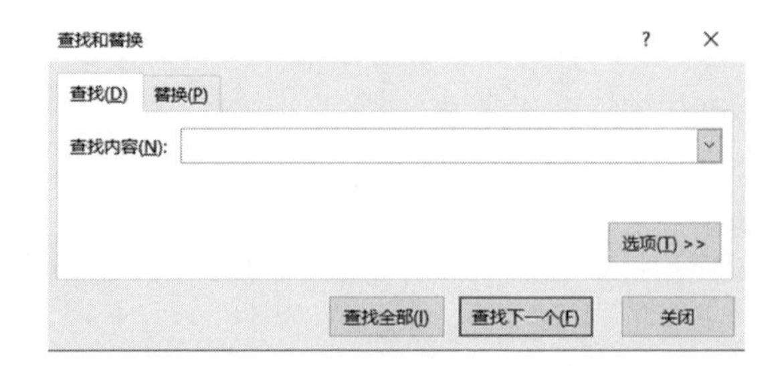

Python 实现

在 Python 中查看数据表中是否包含某个值用到的是 isin()方法，而且可以同时查找多个值，只需要在 isin 方法后的括号中指明即可。

可以将某列数据取出来，然后在这一列上调用 isin()方法，看这一列中是否包含某个/些值，如果包含则返回 True，否则返回 False。

```
#年龄这一列是否包含 31、21 这两个值
>>>df
   订单编号  客户姓名   唯一识别码   年龄   成交时间      销售 ID
0  A1       张通      101         31    2018-08-08   1
1  A2       李谷      102         45    2018-08-09   2
2  A3       孙凤      103         23    2018-08-10   1
3  A4       赵恒      104         36    2018-08-11   2
4  A5       王娜      105         21    2018-08-11   3
>>>df["年龄"].isin([31,21])
0    True
1    False
2    False
3    False
4    True
Name: 年龄, dtype: bool
```

也可以针对全表查找是否包含某个值。

```
#全表中是否包含 A2、31 这两个值
>>>df.isin(["A2",31])
   订单编号  客户姓名   唯一识别码   年龄    成交时间  销售 ID
0  False    False     False       True    False    False
1  True     False     False       False   False    False
2  False    False     False       False   False    False
3  False    False     False       False   False    False
4  False    False     False       False   False    False
```

7.8 区间切分

区间切分就是将一系列数值分成若干份，比如现在有 10 个人，你要根据这 10 个

人的年龄将他们分为三组，这个切分过程就称为区间切分。

Excel 实现

在 Excel 中实现区间切分我们借助的是 if 函数，具体公式如下：

```
=IF(D2<4,"<4",IF(D2<7,"4-6",">=7"))
```

if 函数的实现流程如下图所示。

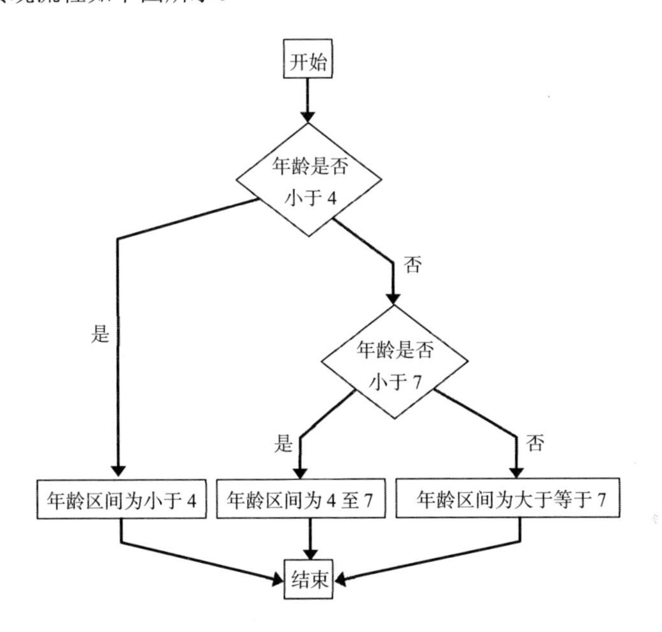

下图为利用 if 嵌套函数实现的结果。

fx =IF(D2<4,"<4",IF(D2<7,"4-6",">=7"))

D	E	F	G
年龄	年龄区间		
1	<4		
2	<4		
3	<4		
4	4-6		
5	4-6		
6	4-6		
7	>=7		
8	>=7		
9	>=7		
10	>=7		

Python 实现

在 Python 中对区间切分利用的是 cut()方法，cut()方法有一个参数 bins 用来指明切分区间。

```
>>>df
    年龄
0   1
1   2
2   3
3   4
4   5
5   6
6   7
7   8
8   9
9   10
>>>pd.cut(df["年龄"],bins = [0,3,6,10])
0     (0, 3]
1     (0, 3]
2     (0, 3]
3     (3, 6]
4     (3, 6]
5     (3, 6]
6    (6, 10]
7    (6, 10]
8    (6, 10]
9    (6, 10]
Name: 0, dtype: category
Categories (3, interval[int64]): [(0, 3] < (3, 6] < (6, 10]]
```

cut()方法的切分结果是几个左开右闭的区间，(0,3]就表示大于 0 小于等于 3，(3,6]表示大于 3 小于等于 6，(6,10]表示大于 6 小于等于 10。

与 cut()方法类似的还有 qcut()方法，qcut()方法不需要事先指明切分区间，只需要指明切分个数，即你要把待切分数据切成几份，然后它就会根据待切分数据的情况，将数据切分成事先指定的份数，依据的原则就是每个组里面的数据个数尽可能相等。

```
#将数据切分成 3 份
>>>pd.qcut(df["年龄"],3)
0    (0.999, 4.0]
1    (0.999, 4.0]
2    (0.999, 4.0]
3    (0.999, 4.0]
4      (4.0, 7.0]
5      (4.0, 7.0]
6      (4.0, 7.0]
7     (7.0, 10.0]
8     (7.0, 10.0]
```

```
9      (7.0, 10.0]
Name: 年龄, dtype: category
Categories (3, interval[float64]): [(0.999, 4.0] < (4.0, 7.0] < (7.0,
10.0]]
```

在数据分布比较均匀的情况下，cut()方法和 qcut()方法得到的区间基本一致，当数据分布不均匀，即方差比较大时，两者得到的区间的偏差就会比较大。

7.9 插入新的行或列

在特定的位置插入行或者列也是比较常用的操作。具体的插入操作有两个关键要素，一个是在哪插入，另一个是插入什么。

Excel 实现

在 Excel 中要插入行或列首先要确定在哪一行或哪一列前面插入，然后选中这一列或这一行单击鼠标右键，在弹出的下拉菜单中选择插入选项即可。

要在唯一识别码列前面插入一列，选中唯一识别码这一列然后单击鼠标右键，在弹出的下拉菜单中选择插入选项即可，如下图所示。

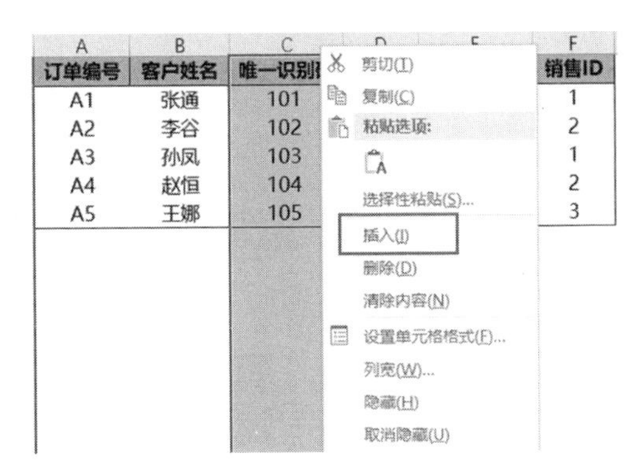

完成上面的操作后，就会有一个新的空行或空列，在空行或空列里面输入要插入的数据即可。

Python 实现

在 Python 中没有专门用来插入行的方法，可以把待插入的行当作一个新的表，然后将两个表在纵轴方向上进行拼接。关于表拼接在后面的章节会讲。

在 Python 中插入一个新的列用到的方法是 insert()，在 insert 方法后的括号中指明要插入的位置、插入后新列的列名，以及要插入的数据。

```
#在第二列后插入一列并命名为商品类别
>>>df
   订单编号  客户姓名   唯一识别码   年龄  成交时间        销售 ID
```

```
0   A1      张通     101        31   2018-08-08    1
1   A2      李谷     102        45   2018-08-09    2
2   A3      孙凤     103        23   2018-08-10    1
3   A4      赵恒     104        36   2018-08-11    2
4   A5      王娜     105        21   2018-08-11    3
>>>df.insert(2,"商品类别",["cat01","cat02","cat03","cat04","cat05"])
>>>df
  订单编号  客户姓名  商品类别  唯一识别码  年龄  成交时间    销售 ID
0 A1        张通      cat01    101         31   2018-08-08 1
1 A2        李谷      cat02    102         45   2018-08-09 2
2 A3        孙凤      cat03    103         23   2018-08-10 1
3 A4        赵恒      cat04    104         36   2018-08-11 2
4 A5        王娜      cat05    105         21   2018-08-11 3
```

还可以直接以索引的方式进行列的插入，直接让新的一列等于某列值即可。

```
>>>df["商品类别"] = ["cat01","cat02","cat03","cat04","cat05"]
```

上面的代码表示新插入一列名为商品类别的值，这一列的值就是后面列表中的值。

7.10 行列互换

所谓的行列互换（又称转置）就是将行数据转换到列方向上，将列数据转换到行方向上。

Excel 实现

在 Excel 中行列互换（转置）需要先把待转置的内容复制，然后粘贴在新的区域中，粘贴选项选择转置即可，转置选项如下图所示。

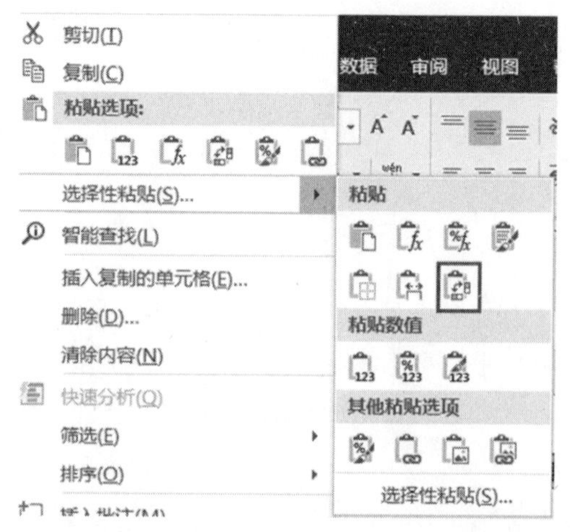

转置前后的效果对比如下图所示。

Before

订单编号	客户姓名	唯一识别码	年龄	成交时间	销售ID
A1	张通	101	31	2018/8/8	1
A2	李谷	102	45	2018/8/9	2
A3	孙凤	103	23	2018/8/10	1
A4	赵恒	104	36	2018/8/11	2
A5	王娜	105	21	2018/8/11	3

After

订单编号	A1	A2	A3	A4	A5
客户姓名	张通	李谷	孙凤	赵恒	王娜
唯一识别码	101	102	103	104	105
年龄	31	45	23	36	21
成交时间	2018/8/8	2018/8/9	2018/8/10	2018/8/11	2018/8/11
销售ID	1	2	1	2	3

Python 实现

在 Python 中，我们直接在源数据表的基础上调用.T 方法即可得到源数据表转置后的结果。对转置后的结果再次转置就会回到原来的结果。

对表 df 进行转置，代码如下所示。

```
>>>df
    订单编号  客户姓名  唯一识别码  年龄  成交时间      销售 ID
0   A1       张通     101       31   2018-08-08   1
1   A2       李谷     102       45   2018-08-09   2
2   A3       孙凤     103       23   2018-08-10   1
3   A4       赵恒     104       36   2018-08-11   2
4   A5       王娜     105       21   2018-08-11   3
>>>df.T
          0          1          2          3          4
订单编号   A1         A2         A3         A4         A5
客户姓名   张通       李谷       孙凤       赵恒       王娜
唯一识别码 101        102        103        104        105
年龄       31         45         23         36         21
成 交 时 间     2018-08-08   2018-08-09    2018-08-10   2018-08-11
2018-08-11
销售 ID    1          2          1          2          3
```

对转后的表再次进行转置，代码如下所示。

```
>>>df.T.T
    订单编号  客户姓名  唯一识别码  年龄  成交时间      销售 ID
0   A1       张通     101       31   2018-08-08   1
1   A2       李谷     102       45   2018-08-09   2
2   A3       孙凤     103       23   2018-08-10   1
3   A4       赵恒     104       36   2018-08-11   2
4   A5       王娜     105       21   2018-08-11   3
```

7.11 索引重塑

所谓的索引重塑就是将原来的索引进行重新构造。典型的 DataFrame 结构的表如下表所示。

	C1	C2	C3
S1	1	2	3
S2	4	5	6

上面这种表是典型的 DataFrame 结构，它用一个行索引和一个列索引来确定一个唯一值，比如 S1-C1 唯一值为 1，S2-C3 唯一值为 6。这种通过两个位置确定一个唯一值的方法不仅可以用上述这种表格型结构表示，而且可以用一种树形结构来表示，如下图所示。

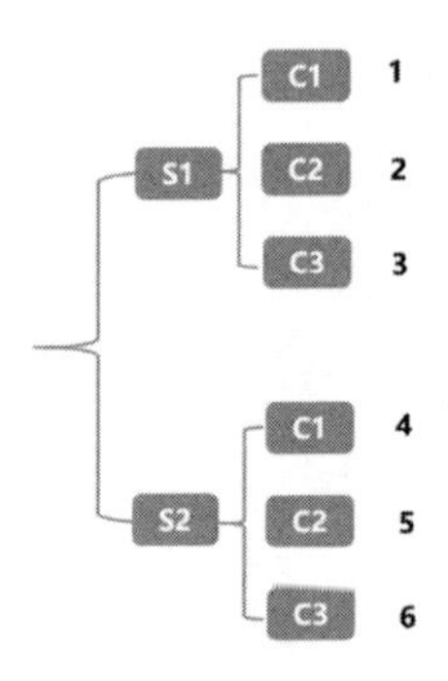

树形结构其实就是在维持表格型行索引不变的前提下，把列索引也变成行索引，其实就是给表格型数据建立层次化索引。

我们把数据从表格型数据转换到树形数据的过程叫重塑，这种操作在 Excel 中没有，在 Python 用到的方法是 stack()，示例代码如下所示。

```
>>>df
   C1  C2  C3
S1  1   2   3
S2  4   5   6
>>>df.stack()
S1  C1    1
    C2    2
    C3    3
S2  C1    4
    C2    5
    C3    6
dtype: int64
```

与 stack()方法相对应的方法是 unstack()方法，stack()方法是将表格型数据转化为树形数据，而 unstack()方法是将树形数据转为表格型数据，示例代码如下所示。

```
>>>df.stack().unstack()
   C1  C2  C3
S1  1   2   3
S2  4   5   6
```

7.12 长宽表转换

长宽表转换就是将比较长（很多行）的表转换为比较宽（很多列）的表，或者将比较宽的表转化为比较长的表。

下表是一个宽表（有很多列）。

Company	Name	Sale2013	Sale2014	Sale2015	Sale2016
Apple	苹果	5000	5050	5050	5050
Google	谷歌	3500	3800	3800	3800
Facebook	脸书	2300	2900	2900	2900

我们要把这个宽表转化为如下表所示的长表。

Company	Name	year	sale
Apple	苹果	Sale2013	5000
Google	谷歌	Sale2013	3500
Facebook	脸书	Sale2013	2300
Apple	苹果	Sale2014	5050
Google	谷歌	Sale2014	3800
Facebook	脸书	Sale2014	2900
Apple	苹果	Sale2015	5050
Google	谷歌	Sale2015	3800
Facebook	脸书	Sale2015	2900
Apple	苹果	Sale2016	5050
Google	谷歌	Sale2016	3800
Facebook	脸书	Sale2016	2900

上面这种由很多列转换为很多行的过程，就是宽表转换为长表的过程，这种转换过程是有前提的，那就是需要有公共列。

7.12.1 宽表转换为长表

宽表转化为长表，在 Excel 中一般都用复制粘贴实现，我们主要看看在 Python 中如何实现。Python 中要实现这种转换有两种方法，一种是 stack()方法，另一种是 melt()方法。

stack()方法实现

stack()在将表格型数据转为树形数据时，是在保持行索引不变的前提下，将列索引也变成行索引。

这里将宽表转化为长表首先要在保持 Company 和 Name 不变的前提下，将 Sale2013、Sale2014、Sale2015、Sale2016 也变成行索引。所以，需要先将 Company

和 Name 先设置成索引，然后调用 stack()方法，将列索引也转换成行索引，最后利用 reset_index()方法进行索引重置，示例代码如下所示。

```
>>>df
   Company   Name  Sale2013 Sale2014 Sale2015 Sale2016
0  Apple     苹果   5000     5050     5050     5050
1  Google    谷歌   3500     3800     3800     3800
2  Facebook  脸书   2300     2900     2900     2900
>>>df.set_index(["Company","Name"])
                 Sale2013  Sale2014  Sale2015   Sale2016
Company   Name
Apple     苹果   5000      5050      5050       5050
Google    谷歌   3500      3800      3800       3800
Facebook  脸书   2300      2900      2900       2900
>>>df.set_index(["Company","Name"]).stack()
Company   Name
Apple     苹果   Sale2013   5000
                 Sale2014   5050
                 Sale2015   5050
                 Sale2016   5050
Google    谷歌   Sale2013   3500
                 Sale2014   3800
                 Sale2015   3800
                 Sale2016   3800
Facebook  脸书   Sale2013   2300
                 Sale2014   2900
                 Sale2015   2900
                 Sale2016   2900
>>>df.set_index(["Company","Name"]).stack().reset_index()
   Company   Name   level_2    0
0  Apple     苹果   Sale2013   5000
1  Apple     苹果   Sale2014   5050
2  Apple     苹果   Sale2015   5050
3  Apple     苹果   Sale2016   5050
4  Google    谷歌   Sale2013   3500
5  Google    谷歌   Sale2014   3800
6  Google    谷歌   Sale2015   3800
7  Google    谷歌   Sale2016   3800
8  Facebook  脸书   Sale2013   2300
9  Facebook  脸书   Sale2014   2900
10 Facebook  脸书   Sale2015   2900
11 Facebook  脸书   Sale2016   2900
```

melt()方法实现

用 melt()方法实现上述功能，代码如下所示。

```
>>>df.melt(id_vars = ["Company","Name"],
```

```
        var_name = "Year",
        value_name = "Sale")
   Company  Name   Year       Sale
0  Apple    苹果   Sale2013   5000
1  Apple    苹果   Sale2014   5050
2  Apple    苹果   Sale2015   5050
3  Apple    苹果   Sale2016   5050
4  Google   谷歌   Sale2013   3500
5  Google   谷歌   Sale2014   3800
6  Google   谷歌   Sale2015   3800
7  Google   谷歌   Sale2016   3800
8  Facebook 脸书   Sale2013   2300
9  Facebook 脸书   Sale2014   2900
10 Facebook 脸书   Sale2015   2900
11 Facebook 脸书   Sale2016   2900
```

melt 中的 id_vars 参数用于指明宽表转换到长表时保持不变的列，var_name 参数表示原来的列索引转化为“行索引”以后对应的列名，value_name 表示新索引对应的值的列名。

注意，这里的“行索引”是有双引号的，它并非实际行索引，只是类似实际的行索引。

7.12.2 长表转换为宽表

将长表转化为宽表就是宽表转化为长表的逆过程。常用的方法就是数据透视表，关于数据透视表的使用我们将在 10.2 节进行详细讲解，这里大概了解一下就行，具体实现如下：

```
>>>df
   Company  Name   Year       Sale
0  Apple    苹果   Sale2013   5000
1  Apple    苹果   Sale2014   5050
2  Apple    苹果   Sale2015   5050
3  Apple    苹果   Sale2016   5050
4  Google   谷歌   Sale2013   3500
5  Google   谷歌   Sale2014   3800
6  Google   谷歌   Sale2015   3800
7  Google   谷歌   Sale2016   3800
8  Facebook 脸书   Sale2013   2300
9  Facebook 脸书   Sale2014   2900
10 Facebook 脸书   Sale2015   2900
11 Facebook 脸书   Sale2016   2900
>>>df.pivot_table(index = ["Company","Name"],columns = "Year",values
= "Sale")
Year           Sale2013 Sale2014 Sale2015 Sale2016
```

```
Company Name
Amozon    亚马逊  2100     2500     2500     2500
Apple     苹果    5000     5050     5050     5050
Facebook 脸书     2300     2900     2900     2900
Google    谷歌    3500     3800     3800     3800
Tencent   腾讯    3100     3300     3300     3300
```

上面的实现过程是把 Company 和 Name 设置成行索引，Year 设置成列索引，Sale 为值。

7.13 apply()与 applymap()函数

我们在 Python 基础知识部分讲过一个 Python 的高级特性 map()函数，map()函数是对一个序列中的所有元素执行相同的函数操作。

在 DataFrame 中与 map()函数类似的函数有两个，一个是 apply()函数，另一个是 applymap()函数。函数 apply()和 applymap()都需要与匿名函数 lambda 结合使用。

apply()函数主要用于对 DataFrame 中的某一 column 或 row 中的元素执行相同的函数操作。

```
>>>df
   C1  C2  C3
0  1   2   3
1  4   5   6
2  7   8   9
#对 C1 列中的每一个元素加 1
>>>df["C1"].apply(lambda x:x+1)
0    2
1    5
2    8
Name: C1, dtype: int64
```

applymap()函数用于对 DataFrame 中的每一个元素执行相同的函数操作。

```
#对 df 表中的每一个元素加 1
>>>df.applymap(lambda x:x+1)
   C1  C2  C3
0  2   3   4
1  5   6   7
2  8   9   10
```

第 8 章

开始烹调——数据运算

进行到这一步就可以开始正式的烹调了。第 1 章我们列举了一些不同维度的分析指标，这一章我们主要看看这些指标都是怎么计算出来的。

8.1 算术运算

算术运算就是基本的加减乘除，在 Excel 或 Python 中数值类型的任意两列可以直接进行加、减、乘、除运算，而且是对应元素进行加、减、乘、除运算，Excel 中的算术运算比较简单，这里就不展开了，下面主要介绍 Python 中的算术运算。

两列相加的具体实现如下所示。

```
>>>df
   C1  C2  C3
S1  1   2   3
S2  4   5   6
>>>df["C1"] + df["C2"]
S1    3
S2    9
dtype: int64
```

两列相减的具体实现如下所示。

```
>>>df["C1"] - df["C2"]
S1   -1
S2   -1
dtype: int64
```

两列相乘的具体实现如下所示。

```
>>>df["C1"] * df["C2"]
S1     2
S2    20
dtype: int64
```

两列相除的具体实现如下所示。

```
>>>df["C1"] / df["C2"]
S1    0.5
S2    0.8
dtype: float64
```

任意一列加/减一个常数值，这一列中的所有值都加/减这个常数值，具体实现如下所示。

```
>>>df["C1"] + 2
S1    3
S2    6
Name: C1, dtype: int64

>>>df["C1"] - 2
S1   -1
S2    2
Name: C1, dtype: int64
```

任意一列乘/除一个常数值，这一列中的所有值都乘/除这一常数值，具体实现如下所示。

```
>>>df["C1"] * 2
S1    2
S2    8
Name: C1, dtype: int64

>>>df["C1"] / 2
S1    0.5
S2    2.0
Name: C1, dtype: float64
```

8.2 比较运算

比较运算和 Python 基础知识中讲到的比较运算一致，也是常规的大于、等于、小于之类的，只不过这里的比较是在列与列之间进行的。常用的比较运算符见 2.9.2 节。

在 Excel 中列与列之间的比较运算和 Python 中的方法一致，例子如下图所示。

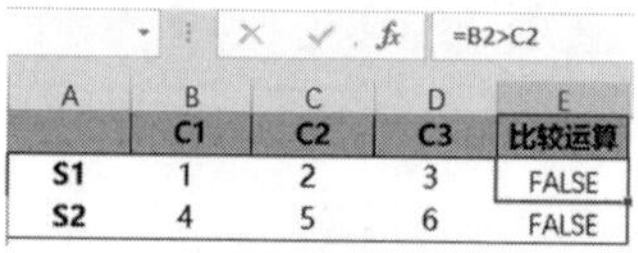

=B2>C2

A	B	C	D	E
	C1	C2	C3	比较运算
S1	1	2	3	FALSE
S2	4	5	6	FALSE

下面是一些 Python 中列与列之间比较的例子。

```
>>>df
   C1  C2  C3
S1  1   2   3
S2  4   5   6
```

```
>>>df["C1"] > df["C2"]
S1    False
S2    False
dtype: bool

>>>df["C1"] != df["C2"]
S1    True
S2    True
dtype: bool

>>>df["C1"] < df["C2"]
S1    True
S2    True
dtype: bool
```

8.3 汇总运算

上面讲到的算术运算和比较运算都是在列与列之间进行的，运算结果是有多少行的值就会返回多少个结果，而汇总运算是将数据进行汇总返回一个汇总以后的结果值。

8.3.1 count 非空值计数

非空值计数就是计算某一个区域中非空（单元格）数值的个数。

在 Excel 中 counta()函数用于计算某个区域中非空单元格的个数。与 counta()函数类似的一个函数是 count()函数，它用于计算某个区域中含有数字的单元格的个数。

在 Python 中，直接在整个数据表上调用 count()函数，返回的结果为该数据表中每列的非空值的个数，具体实现如下所示。

```
>>>df
   C1  C2  C3
S1  1   2   3
S2  4   5   6
>>>df.count()
C1    2
C2    2
C3    2
dtype: int64
```

count()函数默认是求取每一列的非空数值的个数，可以通过修改 axis 参数让其等于 1，来求取每一行的非空数值的个数。

```
>>>df.count(axis = 1)
S1    3
S2    3
dtype: int64
```

也可以把某一列或者某一行索引出来，单独查看这一列或这一行的非空值个数。

```
>>>df["C1"].count()
2
```

8.3.2 sum 求和

求和就是对某一区域中的所有数值进行加和操作。

在 Excel 中要求取某一区域的和，直接在 sum()函数后面的括号中指明要求和的区域，即要对哪些值进行求和操作即可。例子如下所示。

```
sum(D2:D6)#表示对 D2:D6 范围的数值进行求和操作
```

在 Python 中，直接在整个数据表上调用 sum()函数，返回的是该数据表每一列的求和结果，例了如下所示。

```
>>>df
   C1  C2  C3
S1  1   2   3
S2  4   5   6
>>>df.sum()
C1    5
C2    7
C3    9
dtype: int64
```

sum()函数默认对每一列进行求和，可通过修改 axis 参数，让其等于 1，来对每一行的数值进行求和操作。

```
>>>df.sum(axis = 1)
S1     6
S2    15
dtype: int64
```

也可以把某一列或者某一行索引出来，单独对这一列或这一行数据进行求和操作。

```
>>>df["C1"].sum()
5
```

8.3.3 mean 求均值

求均值是针对某一区域中的所有值进行求算术平均值运算。均值是用来衡量数据一般情况的指标，容易受到极大值、极小值的影响。

在 Excel 中对某个区域内的值进行求平均值运算，用的是 average()函数，只要在 average()函数中指明要求均值运算的区域即可，比如：

```
average(D2:D6)#表示对 D2:D6 范围内的值进行求均值运算
```

在 Python 中的求均值利用的是 mean()函数，如果对整个表直接调用 mean()函数，返回的是该表中每一列的均值。

```
>>>df
   C1  C2  C3
S1  1   2   3
S2  4   5   6
>>>df.mean()
C1    2.5
C2    3.5
C3    4.5
dtype: float64
```

mean()函数默认是对数据表中的每一列进行求均值运算，可通过修改 axis 参数，让其等于 1，来对每一行进行求均值运算。

```
>>>df.mean(axis = 1)
S1    2.0
S2    5.0
dtype: float64
```

也可以把某一列或者某一行通过索引的方式取出来，然后在这一行或这一列上调用 mean()函数，单独求取这一行或这一列的均值。

```
>>>df["C1"].mean()#对 C1 列求均值
2.5
```

8.3.4 max 求最大值

求最大值就是比较一组数据中所有数值的大小，然后返回最大的一个值。

在 Excel 和 Python 中，求最大值使用的都是 max()函数，在 Excel 中同样只需要在 max()函数中指明要求最大值的区域即可；在 Python 中，和其他函数一样，如果对整个表直接调用 max()函数，则返回该数据表中每一列的最大值。max()函数也可以对每一行求最大值，还可以单独对某一行或某一列求最大值。

```
>>>df
   C1  C2  C3
S1  1   2   3
S2  4   5   6
>>>df.max()
C1    4
C2    5
C3    6
dtype: int64
#对每一行求最大值
>>>df.max(axis = 1)
S1    3
```

```
S2    6
dtype: int64
>>>df["C1"].max()#对 C1 列求最大值
4
```

8.3.5 min 求最小值

求最小值与求最大值是相对应的，通过比较一组数据中所有数值的大小，然后返回最小的那个值。

在 Excel 和 Python 中都使用 min()函数来求最小值，它的使用方法与求最大值的类似，这里不再赘述。示例代码如下。

```
#对整个表调用 min()函数
>>>df
    C1  C2  C3
S1  1   2   3
S2  4   5   6
>>>df.min()
C1    1
C2    2
C3    3
dtype: int64
#求取每一行的最小值
>>>df.min(axis = 1)
S1    1
S2    4
dtype: int64
#求取 C1 列的最小值
>>>df["C1"].min()
1
```

8.3.6 median 求中位数

中位数就是将一组含有 n 个数据的序列 X 按从小到大排列，位于中间位置的那个数。

中位数是以中间位置的数来反映数据的一般情况，不容易受到极大值、极小值的影响，因而在反映数据分布情况上要比平均值更有代表性。

现有序列为 X：$\{X_1、X_2、X_3、……、X_n\}$。

如果 n 为奇数，则中位数：

$$m = X_{\frac{n+1}{2}}$$

如果 n 为偶数，则中位数：

$$m = \frac{X_{\frac{n}{2}} + X_{\frac{n}{2}+1}}{2}$$

例如，1、3、5、7、9 的中位数为 5，而 1、3、5、7 的中位数为(3+5)/2=4。

在 Excel 和 Python 中求一组数据的中位数，都是使用 median()函数来实现的。

下面为在 Excel 中求中位数的示例：

```
median(D2:D6)#表示求 D2:D6 区域内的中位数
```

在 Python 中，median()函数的使用原则和其他函数的一致。

```
#对整个表调用 median()函数
>>>df
    C1  C2  C3
S1  1   2   3
S2  4   5   6
S3  7   8   9
>>>df.median()
C1    4.0
C2    5.0
C3    6.0
dtype: float64
#求取每一行的中位数
>>>df.median(axis = 1)
S1    2.0
S2    5.0
S3    8.0
dtype: float64
#求取 C1 列的中位数
>>>df["C1"].median()
4.0
```

8.3.7 mode 求众数

顾名思义，众数就是一组数据中出现次数最多的数，求众数就是返回这组数据中出现次数最多的那个数。

在 Excel 和 Python 中求众数都使用 mode()函数，使用原则与其他函数完全一致。

在 Excel 中求众数的示例如下：

```
mode(D2:D6)#返回 D2:D6 之间出现次数最多的值
```

在 Python 中求众数的示例如下：

```
#对整个表调用 mode()函数
>>>df
C1  C2  C3
S1  1   1   3
S2  4   4   6
S3  1   1   3
>>>df.mode()
    C1  C2  C3
```

```
0   1   1   3
#求取每一行的众数
>>>df.mode(axis = 1)
    0
S1  1
S2  4
S3  1
#求取 C1 列的众数
>>>df["C1"].mode()
0    1
dtype: int64
```

8.3.8 var 求方差

方差是用来衡量一组数据的离散程度（即数据波动幅度）的。

在 Excel 和 Python 中求一组数据中的方差都使用 var()函数。

下面为在 Excel 中求方差的示例：

```
var(D2:D6)#表示求 D2:D6 区域内的方差
```

在 Python 中，var()函数的使用原则和其他函数的一致。

```
#对整个表调用 var()函数
>>>df
   C1  C2  C3
S1  1   2   3
S2  4   5   6
S3  7   8   9
>>>df.var()
C1    9.0
C2    9.0
C3    9.0
dtype: float64
#求取每一行的方差
>>>df.var(axis = 1)
S1    1.0
S2    1.0
S3    1.0
dtype: float64
#求取 C1 列的方差
>>>df["C1"].var()
9.0
```

8.3.9 std 求标准差

标准差是方差的平方根，二者都是用来表示数据的离散程度的。

在 Excel 中计算标准差使用的是 stdevp()函数，示例如下：

```
stdevp(D2:D6)#表示求 D2:D6 区域内的标准差
```

在 Python 中计算标准差使用的是 std()函数，std()函数的使用原则与其他函数的一致，示例如下：

```
#对整个表调用 std()函数
>>>df
   C1  C2  C3
S1  1   2   3
S2  4   5   6
S3  7   8   9
>>>df.std()
C1    3.0
C2    3.0
C3    3.0
dtype: float64
#求取每一行的标准差
>>>df.std(axis = 1)
S1    1.0
S2    1.0
S3    1.0
dtype: float64
#求取 C1 列的标准差
>>>df["C1"].std()
3.0
```

8.3.10 quantile 求分位数

分位数是比中位数更加详细的基于位置的指标，分位数主要有四分之一分位数、四分之二分位数、四分之三分位数，而四分之二分位数就是中位数。

在 Excel 中求分位数用的是 percentile()函数，示例如下：

```
percentile(D2:D6,0.5)#表示求 D2:D6 区域内的二分之一分位数
percentile(D2:D6,0.25)#表示求 D2:D6 区域内的四分之一分位数
percentile(D2:D6,0.75)#表示求 D2:D6 区域内的四分之三分位数
```

在 Python 中求分位数用的是 quantile()函数，要在 quantile 后的括号中指明要求取的分位数值，quantile()函数与其他函数的使用规则相同。

```
#对整个表调用 quantile()函数
>>>df
   C1  C2  C3
S1  1   2   3
S2  4   5   6
S3  7   8   9
S4  10  11  12
S5  13  14  15
>>>df.quantile(0.25)#求四分之一分位数
```

```
C1    4.0
C2    5.0
C3    6.0
Name: 0.5, dtype: float64
>>>df.quantile(0.75)#求四分之三分位数
C1    10.0
C2    11.0
C3    12.0
Name: 0.75, dtype: float64
#求取每一行的四分之一分位数
>>>df.quantile(0.25, axis = 1)
S1     1.5
S2     4.5
S3     7.5
S4    10.5
S5    13.5
Name: 0.25, dtype: float64
#求取 C1 列的四分之一分位数
>>>df["C1"].quantile(0.25)
4.0
```

8.4 相关性运算

相关性常用来衡量两个事物之间的相关程度，比如我们前面举的例子：啤酒与尿布二者的相关性很强。我们一般用相关系数来衡量两者的相关程度，所以相关性计算其实就是计算相关系数，比较常用的是皮尔逊相关系数。

在 Excel 中求取相关系数用的是 correl()函数，示例如下：

```
correl(A1:A10,B1:B10)#求取 A 列指标与 B 列指标的相关系数
```

在 Python 中求取相关系数用的是 corr()函数，示例如下：

```
>>>df
   col1    col2
0  1       2
1  3       4
2  5       6
3  7       8
4  9       10
>>>df["col1"].corr(df["col2"])#求取 col1 列与 col2 列的相关系数
0.9999999999999999
```

还可以利用 corr()函数求取整个 DataFrame 表中各字段两两之间的相关性，示例如下：

```
>>>df
   col1    col2    col3
```

```
0   1       2       3
1   4       5       6
2   7       8       9
3   10      11      12
4   13      14      15

#计算字段 col1、col2、col3 两两之间的相关性
>>>df.corr()
      col1   col2   col3
col1  1.0    1.0    1.0
col2  1.0    1.0    1.0
col3  1.0    1.0    1.0
```

第 9 章

炒菜计时器——时间序列

9.1 获取当前时刻的时间

获取当前时刻的时间就是获取此时此刻与时间相关的数据，除了具体的年、月、日、时、分、秒，还会单独看年、月、周、日等指标。

9.1.1 返回当前时刻的日期和时间

返回当前时刻的日期和时间在 Excel 和 Python 中都借助函数 now()实现。

在 Excel 中直接在单元格里输入 now()函数即可，在 Python 中则使用如下代码：

```
>>>from datetime import datetime
>>>datetime.now()
#2018年10月14日9时9分51秒
datetime.datetime(2018, 10, 14, 9, 9, 51, 539765)
```

9.1.2 分别返回当前时刻的年、月、日

返回当前时刻的年份在 Excel 和 Python 中都借助函数 year 实现。

在 Excel 的单元格中输入如下函数：

```
year(now())
```

在 Python 中使用如下代码：

```
>>>datetime.now().year
2018
```

返回当前时刻的月份在 Excel 和 Python 中都借助函数 month 实现。

在 Excel 的单元格中输入如下函数：

```
=month(now())
```

在 Python 中使用如下代码：

```
>>>datetime.now().month
10
```

返回当前时刻的日在 Excel 和 Python 中都借助函数 day 实现。

在 Excel 的单元格中输入如下函数：

```
=day(now())
```

在 Python 中使用如下代码：

```
>>>datetime.now().day
14
```

上面几个函数在其他任意日期或时间中都适用。

9.1.3 返回当前时刻的周数

与当前时刻的周相关的数据有两个，一个是当前时刻是一周中的周几，另一个是返回当前时刻所在的周在全年的周里面是第几周。

返回周几

返回当前时刻是周几在 Excel 和 Python 中都借助 weekday()函数实现。

在 Excel 的单元格中输入如下函数：

```
weekday(now()-1)
```

之所以用“now()-1”是因为 Excel 把周日作为一周中的第一天。

在 Python 中使用如下代码：

```
>>> datetime.now().weekday()+1
7
```

Python 中周几是从 0 开始数的，周日返回的是 6，所以在后面加 1。

返回周数

返回当前时刻所在周的周数在 Excel 中使用的是 weeknum()函数，在 Python 中使用的是 isocalendar()函数。

在 Excel 的单元格中输入如下函数：

```
weeknum(now()-1)
```

在 Python 中使用如下代码：

```
>>> datetime.now().isocalendar()
(2018, 41, 7)#2018 年第 41 周的第 7 天
>>>datetime.now().isocalendar()[1]#返回周数
41
```

上面两个函数在其他任意日期或时间中都适用。

9.2 指定日期和时间的格式

Excel 实现

在 Excel 中要设置日期的时间格式，直接选中要设置的单元格，然后单击鼠标右键，在弹出的下拉菜单中选择设置单元格格式选项即可设置单元格格式。因为日期和时间是两个概念，所以在 Excel 中设置日期和时间是分开的，如下图所示。

Python 实现

借助 date()函数将日期和时间设置成只展示日期。

```
#9 小时 9 分 51 秒
>>>datetime.now().date()
datetime.date(2018, 10, 14)
```

借助 time()函数将日期和时间设置成只展示时间。

```
#9 小时 9 分 51 秒
>>>datetime.now().time()
datetime.time( 9, 9, 51, 539765)
```

借助 strftime()函数可以自定义时间和日期的格式，strftime()函数是将日期和时间的格式转化为某些自定义的格式，具体的格式有以下几种。

代　码	说　明
%H	小时（24 小时制）[00,23]
%I	小时（12 小时制）[01,12]
%M	两位数的分[00,59]
%S	秒[00,61]（60 和 61 用于闰秒）
%w	用整数表示星期几，从 0 开始
%U	每年的第几周，周日被认为是每周第一天
%W	每年的第几周，周一被认为是每周第一天
%F	%Y-%m-%d 的简写形式，例如 2018-04-18
%D	%m/%d/%y 的简写形式，例如 04/18/2018

用 strftime()函数自定义时间和日期的格式的例子如下所示。

```
>>>datetime.now().strftime('%Y-%m-%d')
'2018-10-14'

>>>datetime.now().strftime("%Y-%m-%d %H:%M:%S")
'2018-10-14 09:09:51'
```

9.3 字符串和时间格式相互转换

字符串和时间格式的相互转换主要用于 Python 中。

9.3.1 将时间格式转换为字符串格式

使用 str()函数将时间格式转换为字符串格式，示例如下：

```
#新建一个时间格式的时间
>>>now = datetime.now()
>>>now
datetime.datetime(2018, 10, 14, 9, 9, 51, 539765)
>>>type(now)#查看变量 now 的数据类型
datetime.datetime
>>>type(str(now))
str
```

9.3.2 将字符串格式转换为时间格式

使用 parse()函数将字符串格式转换为时间格式。

```
#新建一个字符串格式的时间
>>>str_time = "2018-10-14"
>>>type(str_time)#查看变量 str_time 的数据类型
str
```

```
>>>from dateutil.parser import parse
>>>parse(str_time)#将字符串解析为时间
datetime.datetime(2018, 10, 14, 0, 0)
>>>type(parse(str_time))
datetime.datetime
```

9.4 时间索引

时间索引就是根据时间来对时间格式的字段进行数据选取的一种索引方式。

Excel 实现

在 Excel 中，对于时间格式的列有专门的日期筛选，根据需要选择相应的筛选条件即可，筛选条件如下图所示。

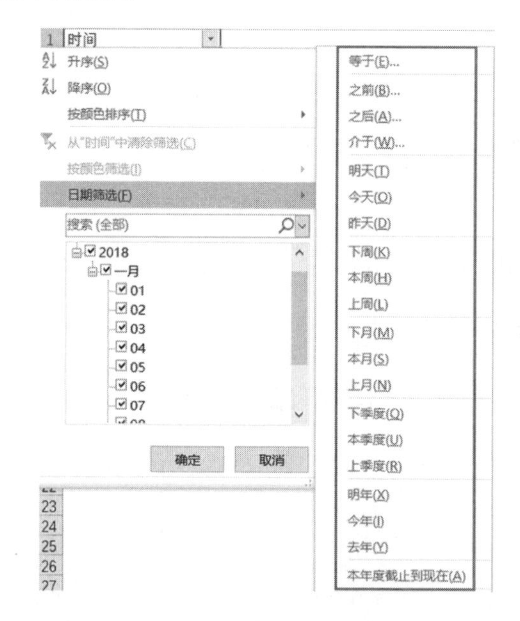

Python 实现

在 Python 中，可以选取具体的某一时间对应的值，也可以选取某一段时间内的值。

新建一个时间索引的 DataFrame 如下：

```
>>>import pandas as pd
>>>import numpy as np
>>>index   =   pd.DatetimeIndex(['2018-01-01',    '2018-01-02',
'2018-01-03', '2018-01-04',
               '2018-01-05', '2018-01-06', '2018-01-07', '2018-01-08',
               '2018-01-09', '2018-01-10'])
>>>data = pd.DataFrame(np.arange(1,11),columns = ["num"],index =
index)
```

```
>>>data
            num
2018-01-01   1
2018-01-02   2
2018-01-03   3
2018-01-04   4
2018-01-05   5
2018-01-06   6
2018-01-07   7
2018-01-08   8
2018-01-09   9
2018-01-10  10
```

获取 2018 年的数据：

```
>>>data["2018"]
            num
2018-01-01   1
2018-01-02   2
2018-01-03   3
2018-01-04   4
2018-01-05   5
2018-01-06   6
2018-01-07   7
2018-01-08   8
2018-01-09   9
2018-01-10  10
```

获取 2018 年 1 月的数据：

```
>>>data["2018-01"]
            num
2018-01-01   1
2018-01-02   2
2018-01-03   3
2018-01-04   4
2018-01-05   5
2018-01-06   6
2018-01-07   7
2018-01-08   8
2018-01-09   9
2018-01-10  10
```

获取 2018 年 1 月 1 日到 2018 年 1 月 5 日的数据：

```
>>>data["2018-01-01":"2018-01-05"]
            num
2018-01-01   1
2018-01-02   2
2018-01-03   3
2018-01-04   4
```

```
2018-01-05  5
```

获取 2018 年 1 月 1 日的数据：

```
>>>data["2018-01-01":"2018-01-01"]
           num
2018-01-01  1
```

上面的索引方法适用于索引是时间的情况下，但是并不是在所有情况下，时间都可以做索引，比如一个订单表中客户姓名是索引，成交时间就是一个普通列，这个时候你想选取某一段时间内的成交订单该怎么办呢？

因为时间也是有大小关系的，所以我们可以利用前面学过的索引方式中的布尔索引来对非索引列的时间进行选取，代码如下：

```
>>>df
    客户姓名  唯一识别码  年龄  成交时间
A1  张通      101         31    2018-08-08
A2  李谷      102         45    2018-08-09
A3  孙凤      103         23    2018-08-10
A4  赵恒      104         36    2018-08-11
A5  王娜      105         21    2018-08-11

#选取成交时间为 2018 年 8 月 8 日的订单
>>>df[df["成交时间"] == datetime(2018,8,8)]
    客户姓名  唯一识别码  年龄  成交时间
A1  张通      101         31    2018-08-08

#选取成交时间在 2018 年 8 月 9 日之后的订单
>>>df[df["成交时间"] > datetime(2018,8,9)]
    客户姓名  唯一识别码  年龄  成交时间
A3  孙凤      103         23    2018-08-10
A4  赵恒      104         36    2018-08-11
A5  王娜      105         21    2018-08-11

#选取成交时间在 2018 年 8 月 10 日之前的订单
>>>df[df["成交时间"] < datetime(2018,8,10)]
    客户姓名  唯一识别码  年龄  成交时间
A1  张通      101         31    2018-08-08
A2  李谷      102         45    2018-08-09

#选取成交时间在 2018 年 8 月 8 到 2018 年 8 月 11 之间的订单
>>>df[(df["成交时间"] > datetime(2018,8,8))&(df["成交时间"] <
datetime(2018,8,11))]
    客户姓名  唯一识别码  年龄  成交时间
A2  李谷      102         45    2018-08-09
A3  孙凤      103         23    2018-08-10
```

9.5 时间运算

9.5.1 两个时间之差

在日常业务中经常会用到计算两个时间的差，比如要计算一个用户在某平台上的生命周期，则用用户最后一次登录产品的时间减去用户首次登录产品的时间即可得到。

Excel 实现

在 Excel 中两日期直接做差会得到一个带小数点的天数，如果只想看两日期之间差多少天，那么直接取整数部分即可；如果想看两日期之间差多少小时、分钟，则需要对小数部分进行计算，小数部分乘 24 得到的结果中的整数部分就是小时数，它的小数部分再乘 60 就是分钟数。

```
date_A = 2018/5/18 20:32
date_B = 2018/5/21 19:50
date_B - date_A = 2.970833
day = 2
hour = int(0.970833*24) = int(23.299992) = 23
minute = int(0.299992*60) = int(17.99952) = 17
```

Python 实现

在 Python 中两个时间做差会返回一个 timedelta 对象，该对象中包含天数、秒、微秒三个等级，如果要获取小时、分钟，则需要进行换算。

```
>>>cha = datetime(2018,5,21,19,50) - datetime(2018,5,18,20,32)
>>>cha
#差值为 2 天 83880 秒
datetime.timedelta(2, 83880)
>>>cha.days#返回天的时间差
2
>>>cha.seconds#返回秒的时间差
83880
>>>cha.seconds/3600#换算成小时的时间差
23.3
```

9.5.2 时间偏移

时间偏移是指给时间往前推或往后推一段时间，即加或减一段时间。

Excel 实现

由于 Excel 中的运算单位都是天，因此若想对某一个时间具体加/减某一单位的时间，如果是加/减小时或者分钟，则需要把小时或分钟换算成对应的天。

```
#往后推 1 天
date1 = 2018/5/18 20:32 + 1 = 2018/5/19 20:32

#往后推 3 个小时
date2 = 2018/5/18 20:32 + 0.125 = 2018/5/18 23:32

#往后推 60 分钟
date3 = 2018/5/18 20:32 + 0.041666667 = 2018/5/18 21:32

#往前推 1 天
date4 = 2018/5/18 20:32 - 1 = 2018/5/17 20:32

#往前推 3 个小时
date5 = 2018/5/18 20:32 - 0.125 = 2018/5/18 17:32

#往前推 60 分钟
date6 = 2018/5/18 20:32 - 0.041666667 = 2018/5/18 19:32
```

Python 实现

在 Python 中实现时间偏移的方式有两种：第一种是借助 timedelta，但是它只能偏移天、秒、微秒单位的时间；第二种是用 Pandas 中的日期偏移量（date offset）。

- timedelta

由于 timedelta 只支持天、秒、微秒单位的时间运算，如果是其他单位的时间运算，则需要换算成以上三种单位中的一种方可进行偏移。

```
>>>from datetime import timedelta
>>>date = datetime(2018,5,18,20,32)
#往后推 1 天
>>>date + timedelta(days = 1)
datetime.datetime(2018,5,19,20,32)

#往后推 60 秒
>>>date + timedelta(seconds = 60)
datetime.datetime(2018,5,18,20,33)

#往前推 1 天
>>>date - timedelta(days = 1)
datetime.datetime(2018,5,17,20,32)

#往前推 60 秒
>>>date - timedelta(seconds = 60)
datetime.datetime(2018, 5, 18, 20, 31)
```

- date offset

date offset 可以直接实现天、小时、分钟单位的时间偏移，不需要换算，相比 timedelta 要方便一些。

```
>>>from pandas.tseries.offsets import Day,Hour,Minute
>>>date = datetime(2018,5,18,20,32)

#往后推 1 天
>>>date + Day(1)
Timestamp('2018-05-19 20:32:00')

#往后推 1 小时
>>>date + Hour(1)
Timestamp('2018-05-18 21:32:00')

#往后推 10 分钟
>>>date + Minute(10)
Timestamp('2018-05-18 20:42:00')

#往前推 1 天
>>>date - Day(1)
Timestamp('2018-05-17 20:32:00')

#往前推 1 小时
>>>date - Hour(1)
Timestamp('2018-05-18 19:32:00')

#往前推 10 分钟
>>>date - Minute(10)
Timestamp('2018-05-18 20:22:00')
```

第 10 章

菜品分类——数据分组/数据透视表

10.1 数据分组

数据分组就是根据一个或多个键（可以是函数、数组或 df 列名）将数据分成若干组，然后对分组后的数据分别进行汇总计算，并将汇总计算后的结果进行合并，被用作汇总计算的函数称为聚合函数。数据分组的具体分组流程如下图所示。

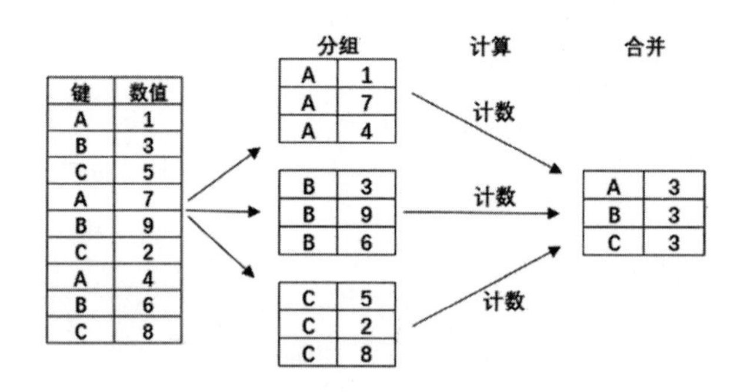

先简单介绍一下在 Excel 中的数据分组是如何实现的，然后详细介绍 Python 是如何实现数据分组的。

Excel 实现

Excel 中有数据分组这个功能，但是在使用这个功能以前要先对键进行排序（你要按照哪一列进行分组，那么键就是这一列），升序或降序都可以，排序前后的结果如下图所示。

键	数值
A	1
B	3
C	5
A	7
B	9
C	2
A	4
B	6
C	8

排序→

键	数值
A	1
A	7
A	4
B	3
B	9
B	6
C	5
C	2
C	8

键值排序完成后，选中待分组区域，然后依次单击菜单栏中的数据>分类汇总即可。分类字段、汇总方式都可以根据需求选择。汇总方式就是对分组后的数据进行什么样的运算，我们这里进行的是计数运算，因此在选定汇总项中勾选数值复选框。分类汇总对话框及分组结果如下图所示。

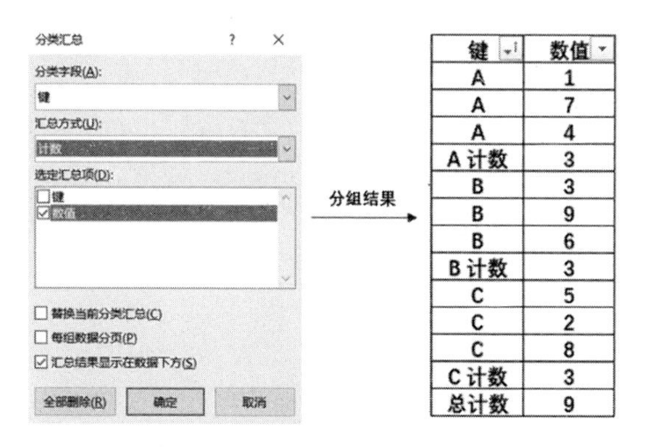

键	数值
A	1
A	7
A	4
A 计数	3
B	3
B	9
B	6
B 计数	3
C	5
C	2
C	8
C 计数	3
总计数	9

Excel 中常见的汇总方式如下表所示。

汇总方式	含　义
求和	对分组后的数据进行求和
计数	对分组后的数据进行计数
平均值	对分组后的数据求平均值
最大值	返回分组后数据的最大值
最小值	返回分组后数据的最小值
乘积	对分组后的数据相乘
偏差	求分组后数据的偏差
方差	求分组后数据的方差

Python 实现

在 Python 中对数据分组利用的是 groupby()方法，这个有点类似于 sql 中的 groupby，在接下来的几个小节里面，我们会重点介绍 Python 中的 groupby()方法。

10.1.1 分组键是列名

分组键是列名时直接将某一列或多列的列名传给 groupby()方法，groupby()方法就会按照这一列或多列进行分组。

按照一列进行分组

```
>>>df
    用户 ID   客户分类   区域      是否省会  7 月销量  8 月销量  9 月销量
0   59224     A 类       一线城市   是       6         20        0
1   55295     B 类       三线城市   否       37        27        35
2   46035     A 类       二线城市   是       8         1         8
3   2459      C 类       一线城市   是       7         8         14
4   22179     B 类       三线城市   否       9         12        4
5   22557     A 类       二线城市   是       42        20        55
>>>df.groupby("客户分类")
<pandas.core.groupby.DataFrameGroupBy object at 0x000001FBB43F4908>
```

从上面的结果可以看出，如果只是传入列名，运行 groupby()方法以后返回的不是一个 DataFrame 对象，而是一个 DataFrameGroupBy 对象，这个对象里面包含着分组以后的若干组数据，但是没有直接显示出来，需要对这些分组数据进行汇总计算以后才会展示出来。

```
>>>df.groupby("客户分类").count()

         用户 ID   区域   是否省会   7 月销量   8 月销量   9 月销量
客户分类
A 类     3         3      3          3          3          3
B 类     2         2      2          2          2          2
C 类     1         1      1          1          1          1
```

上面的代码是根据客户分类对所有数据进行分组，然后对分组以后的数据分别进行计数运算，最后进行合并。

由于对分组后的数据进行了计数运算，因此每一列都会有一个结果，但是如果对分组后的结果做一些数值运算，这个时候就只有数据类型是数值（int、float）的列才会参与运算，比如下面的求和运算。

```
>>>df.groupby("客户分类").sum()
         用户 ID   7 月销量   8 月销量   9 月销量
客户分类
A 类     127816    56         41         63
B 类     77474     46         39         39
C 类     2459      7          8          14
```

我们把这种对分组后的数据进行汇总运算的操作称为聚合，使用的函数称为聚合函数，8.3 节讲过的汇总运算函数都可以作为聚合函数对分组后的数据进行聚合。

按照多列进行分组

上面分组键是某一列，即按照一列进行分组，也可以按照多列进行分组，只要将多个列名以列表的形式传给 groupby()即可，汇总计算方式与按照单列进行分组以后数据运算的方式一致。

```
#对分组后的数据进行计数运算
>>>df.groupby(["客户分类","区域"]).count()
                  用户 ID    是否省会    7 月销量    8 月销量    9 月销量
客户分类    区域
A 类       一线城市   1         1          1          1          1
           二线城市   2         2          2          2          2
B 类       三线城市   2         2          2          2          2
C 类       一线城市   1         1          1          1          1
#对分组后的数据进行求和运算
>>>df.groupby(["客户分类","区域"]).sum()
                    用户 ID   7 月销量     8 月销量     9 月销量
客户分类    区域
A 类       一线城市   59224     6          20          0
           二线城市   68592     50         21          63
B 类       三线城市   77474     46         39          39
C 类       一线城市   2459      7          8           14
```

无论分组键是一列还是多列，只要直接在分组后的数据上进行汇总计算，就是对所有可以计算的列进行计算。有的时候我们不需要对所有列进行计算，这个时候就可以把想要计算的列（可以是单列，也可以是多列）通过索引的方式取出来，然后在取出来这列数据的基础上进行汇总计算。

比如我们想看一下 A、B、C 类客户分别有多少，我们先按照客户分类进行分组，然后把用户 ID 这一列取出来，在这一列的基础上进行计数汇总计算即可。

```
>>>df.groupby("客户分类")["用户 ID"].count()
客户分类
A 类    3
B 类    2
C 类    1
Name: 用户 ID, dtype: int64
```

10.1.2 分组键是 Series

把 DataFrame 的其中一列取出来就是一个 Series，比如下面的 df["客户分类"]就是一个 Series。

```
>>>df["客户分类"]
0     A 类
1     B 类
```

```
2    A类
3    C类
4    B类
5    A类
Name: 客户分类, dtype: object
```

分组键是列名与分组键是 Series 的唯一区别就是，给 groupby()方法传入了什么，其他都一样。可以按照一个或多个 Series 进行分组，分组以后的汇总计算也是完全一样的，也支持对分组以后的某些列进行汇总计算。

按照一个 Series 进行分组

```
#对分组以后的数据进行计数运算
>>>df.groupby(df["客户分类"]).count()
        用户 ID    区域    是否省会    7月销量    8月销量    9月销量
客户分类
A类       3         3       3          3          3          3
B类       2         2       2          2          2          2
C类       1         1       1          1          1          1
```

按照多个 Series 进行分组

```
#对分组以后的数据进行求和运算
>>>df.groupby([df["客户分类"],df["区域"]]).sum()
                    用户 ID   7月销量    8月销量    9月销量
客户分类   区域
A类       一线城市   59224     6          20         0
          二线城市   68592     50         21         63
B类       三线城市   77474     46         39         39
C类       一线城市   2459      7          8          14
#对分组以后的某些列进行汇总计算
>>>df.groupby(df["客户分类"])["用户 ID"].count()
客户分类
A类    3
B类    2
C类    1
Name: 用户 ID, dtype: int64
```

10.1.3 神奇的 aggregate 方法

前面用到的聚合函数都是直接在 DataFrameGroupBy 上调用的，这样分组以后所有列做的都是同一种汇总运算，且一次只能使用一种汇总方式。

aggregate 的第一个神奇之处在于，一次可以使用多种汇总方式，比如下面的例子先对分组后的所有列做计数汇总运算，然后对所有列做求和汇总运算。

```
>>>df
    用户 ID    客户分类    7月销量    8月销量
```

```
0   59224      A类      6        20
1   55295      B类      37       27
2   46035      A类      8        1
3   2459       C类      7        8
4   22179      B类      9        12
>>>df.groupby("客户分类").aggregate(["count","sum"])
       用户 ID              7 月销量           8 月销量
       count   sum        count    sum      count    sum
客户分类
A类      3       127816   3         56     3         41
B类      2       77474    2         46     2         39
C类      1       2459     1         7      1         8
```

aggregate 的第二个神奇之处在于，可以针对不同的列做不同的汇总运算，比如下面的例子，我们想看不同类别的用户有多少，那么对用户 ID 进行计数；我们想看不同类别的用户在 7、8 月的销量，则需要对销量进行求和。

```
>>>df.groupby("客户分类").aggregate({"用户 ID":"count","7 月销量
":"sum","8 月销量":"sum"})

       用户 ID     7 月销量      8 月销量
客户分类
A类        3        56          41
B类        2        46          39
C类        1        7           8
```

10.1.4 对分组后的结果重置索引

通过上节代码运行的结果可以看出，DataFrameGroupBy 对象经过汇总运算以后的形式并不是标准的DataFrame 形式。为了接下来对分组结果进行进一步处理与分析，我们需要把非标准形式转化为标准的 DataFrame 形式，利用的方法就是重置索引 reset_index()方法，具体实现如下所示。

```
>>>df.groupby("客户分类").sum()
       用户 ID      7 月销量        8 月销量
客户分类
A类      127816      56            41
B类      77474       46            39
C类      2459        7             8
>>>df.groupby("客户分类").sum().reset_index()
   客户分类   用户 ID     7 月销量      8 月销量
0  A类       127816     56           41
1  B类       77474      46           39
2  C类       2459       7            8
```

10.2 数据透视表

数据透视表实现的功能与数据分组相类似但又不同，数据分组是在一维（行）方向上不断拆分，而数据透视表是在行、列方向上同时拆分。

下图为数据分组与数据透视表的对比。

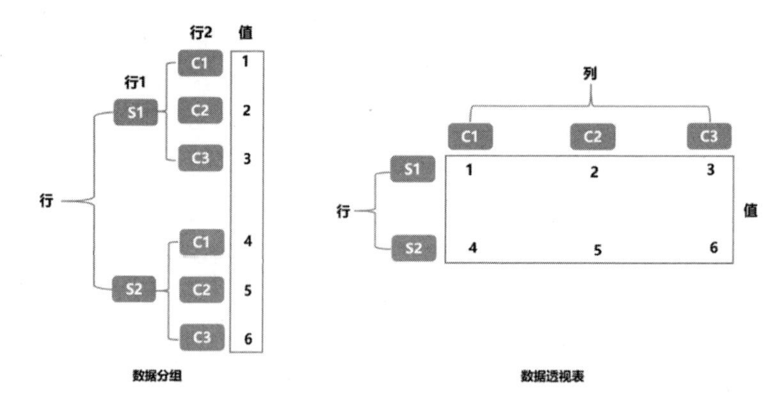

数据透视表不管是在 Excel 还是 Python 中都是一个很重要的功能，大家需要熟练掌握。

Excel 实现

Excel 中的数据透视表在插入菜单栏中，单击插入数据透视表以后就会看到如下图所示的界面。下图左侧为数据透视表中的所有字段，右侧为数据透视表的选项，把左侧字段拖入右侧对应的框中即完成了数据透视表的制作。

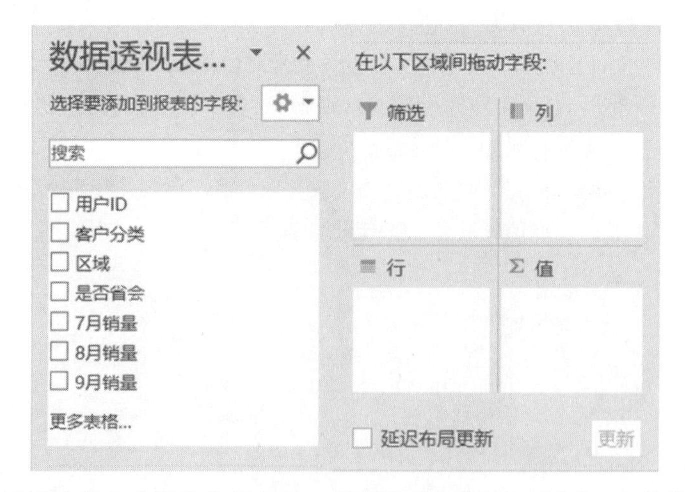

下图展示了让客户分类作为行标签，区域作为列标签，用户 ID 作为值，且值字段的计算类型为计数的结果。

计数项:用户ID	列标签			
行标签	二线城市	三线城市	一线城市	总计
A类	2		1	3
B类		2		2
C类			1	1
总计	**2**	**2**	**2**	**6**

在数据透视表中把多个字段拖到行对应的框中作为行标签，同样把多个字段拖到列对应的框中作为列标签，把多个字段拖到值对应的框中作为值，而且可以对不同的值字段选择不同的计算类型，请大家自行练习。

Python 实现

Python 中数据透视表的制作原理与 Excel 中的制作原理是一样的。Python 中的数据透视表用到的是 pivot_table()方法。

pivot_table()方法的全部参数如下：

```
pd.pivot_table(data, values=None, index=None, columns=None, aggfunc='mean',
                  fill_value=None, margins=False, dropna=True, margins_name='All')

#data 表示要做数据透视表的整个表
#values 对应 Excel 中值那个框
#index 对应 Excel 中行那个框
#columns 对应 Excel 中列那个框
#aggfunc 表示对 values 的计算类型
#fill_value 表示对空值的填充值
#margins 表示是否显示合计列
#dropna 表示是否删除缺失，如果为真时，则把一整行全作为缺失值删除
#margins_name 表示合计列的列名
```

接下来看一些具体实例：客户分类作为 index，区域作为 columns，用户 ID 作为 values，对 values 执行 count 运算，运行结果如下：

```
>>>pd.pivot_table(df,values = "用户 ID",columns = "区域",index = "客户分类",aggfunc='count')
区域       一线城市  三线城市   二线城市
客户分类
A 类      1.0       NaN       2.0
B 类      NaN       2.0       NaN
C 类      1.0       NaN       NaN
```

上面的运行结果和 Excel 的不同之处就是没有合计列，Python 数据透视表中的合计列默认是关闭的，让其等于 True 就可以显示出来，示例如下所示。

```
>>>pd.pivot_table(df,values = "用户 ID",columns = "区域",index = "客户分类",aggfunc='count',margins = True)
```

```
区域        一线城市   三线城市    二线城市  All
客户分类
A类       1.0       NaN       2.0      3
B类       NaN       2.0       NaN      2
C类       1.0       NaN       NaN      1
All       2.0       2.0       2.0      6
```

合计列的名称默认为 All，可以通过设置参数 margins_name 的值进行修改，示例如下所示。

```
>>>pd.pivot_table(df,values = "用户 ID",columns = "区域",index = "客户分类",aggfunc='count',margins = True,margins_name = "总计")
区域        一线城市   三线城市    二线城市  总计
客户分类
A类       1.0       NaN       2.0      3
B类       NaN       2.0       NaN      2
C类       1.0       NaN       NaN      1
总计       2.0       2.0       2.0      6
```

NaN 表示缺失值，我们可以通过设置参数 fill_value 的值对缺失值进行填充，示例如下所示。

```
#将缺失值填充为 0
>>>pd.pivot_table(df,values = "用户 ID",columns = "区域",index = "客户分类",aggfunc='count',margins = True,fill_value = 0)
区域      一线城市   三线城市   二线城市   All
客户分类
A类      1         0         2         3
B类      0         2         0         2
C类      1         0         0         1
All      2         2         2         6
```

aggfunc 用来表示计算类型，当只传入一种类型时，表示对所有的值字段都进行同样的计算；如果需要对不同的值进行不同的计算类型，则需要传入一个字典，其中键为列名，值为计算方式。下面对用户 ID 进行计数，对 7 月销量进行求和。

```
>>>pd.pivot_table(df,values = ["用户 ID","7 月销量"],columns = "区域",index = "客户分类",aggfunc={"用户 ID":"count","7 月销量":"sum"})
    7月销量                              用户 ID
区域 一线城市 三线城市 二线城市    一线城市 三线城市    二线城市
客户分类
A类   6.0      NaN      50.0      1.0      NaN        2.0
B类   NaN      46.0     NaN       NaN      2.0        NaN
C类   7.0      NaN      NaN       1.0      NaN        NaN
```

为了便于分析与处理，我们一般会对数据透视表的结果重置索引，利用的方法同样是 reset_index()。

```
>>>pd.pivot_table(df,values = "用户 ID",columns = "区域",index = "客户分类",aggfunc='count')
区域        一线城市   三线城市    二线城市
客户分类
A类       1.0        NaN       2.0
B类       NaN        2.0       NaN
C类       1.0        NaN       NaN
>>>pd.pivot_table(df,values = "用户 ID",columns = "区域",index = "客户分类",aggfunc='count').reset_index()
区域      客户分类      一线城市      三线城市      二线城市
0        A类          1.0          NaN          2.0
1        B类          NaN          2.0          NaN
2        C类          1.0          NaN          NaN
```

第 11 章

水果拼盘——多表拼接

11.1 表的横向拼接

表的横向拼接就是在横向将两个表依据公共列拼接在一起。

在 Excel 中实现横向拼接利用的是 vlookup()函数，关于 vlookup()函数这里就不展开了，相信大家应该都很熟悉。

在 Python 中实现横向拼接利用的 merge()方法，接下来的几节主要围绕 merge()方法展开。

11.1.1 连接表的类型

连接表的类型关注的就是待连接的两个表都是什么类型，主要有 3 种情况：一对一、多对一、多对多。

一对一

一对一就是待连接的两个表的公共列是一对一的，例子如下所示。

```
>>>df1
   名次  姓名  学号  成绩
0  1    小张  100   650
1  2    小王  101   600
2  3    小李  102   578
3  4    小赵  103   550
>>>df2
   学号  班级
0  100   一班
1  101   一班
2  102   二班
3  103   三班
```

如果要将 df1 和 df2 这两个表进行连接，那么直接使用 pd.merge()方法即可，该方法会自动寻找两个表中的公共列，并将找到的公共列作为连接列，上面例子中表 df1 和 df2 的公共列为学号，且学号是一对一的，两个表运行 pd.merge()方法以后结果如下：

```
>>>pd.merge(df1,df2)

   名次  姓名  学号  成绩  班级
0  1    小张  100   650  一班
1  2    小王  101   600  一班
2  3    小李  102   578  二班
3  4    小赵  103   550  三班
```

多对一

多对一就是待连接的两个表的公共列不是一对一的，其中一个表的公共列有重复值，另一个表的公共列是唯一的。

现在有一份名单 df1，其中记录了每位学生升入高三以后的第一次模拟考试的成绩，还有一份名单 df2 记录了学号及之后每次模拟考试的成绩。要将这两个表按照学号进行连接，由于这两个表是多对一关系，df1 中的学号是唯一的，但是 df2 中的学号不是唯一的，因此拼接结果就是保留 df2 中的重复值，且在 df1 中也增加重复值，实现代码如下：

```
>>>df1
   姓名  学号  f_成绩
0  小张  100   650
1  小王  101   600
2  小李  102   578
>>>df2
   学号  e_成绩
0  100   586
1  100   602
2  101   691
3  101   702
4  102   645
5  102   676
>>>pd.merge(df1,df2,on = "学号")
   姓名  学号  f_成绩   e_成绩
0  小张  100   650      586
1  小张  100   650      602
2  小王  101   600      691
3  小王  101   600      702
4  小李  102   578      645
5  小李  102   578      676
```

多对多

多对多就是待连接的两个表的公共列不是一对一的，且两个表中的公共列都有重复值，多对多连接相当于多个多对一连接，看下面这个例子：

```
>>>df1
    姓名  学号  f_成绩
0   小张  100   650
1   小张  100   610
2   小王  101   600
3   小李  102   578
4   小李  102   542
>>>df2

    学号  e_成绩
0   100   650
1   100   610
2   101   600
3   102   578
4   102   542
>>>pd.merge(df1,df2)
    姓名  学号  f_成绩   e_成绩
0   小张  100   650     650
1   小张  100   650     610
2   小张  100   610     650
3   小张  100   610     610
4   小王  101   600     600
5   小李  102   578     578
6   小李  102   578     542
7   小李  102   542     578
8   小李  102   542     542
```

11.1.2 连接键的类型

默认以公共列作为连接键

如果事先没有指定要按哪个列进行拼接时，pd.merge()方法会默认寻找两个表中的公共列，然后以这个公共列作为连接键进行连接，比如下面这个例子，默认以公共列学号作为连接键：

```
>>>df1
    名次  姓名  学号  成绩
0   1     小张  100   650
1   2     小王  101   600
2   3     小李  102   578
3   4     小赵  103   550
>>>df2
```

```
    学号  班级
0   100   一班
1   101   一班
2   102   二班
3   103   三班
>>>pd.merge(df1,df2)

    名次  姓名  学号  成绩  班级
0   1    小张   100   650   一班
1   2    小王   101   600   一班
2   3    小李   102   578   二班
3   4    小赵   103   550   三班
```

用 on 来指定连接键

也可以用参数 on 来指定连接键，参数 on 一般指定的也是两个表中的公共列，其实这个时候和使用默认公共列达到的效果是一样的。

```
>>>pd.merge(df1,df2,on = "学号")

    名次  姓名  学号  成绩  班级
0   1    小张   100   650   一班
1   2    小王   101   600   一班
2   3    小李   102   578   二班
3   4    小赵   103   550   三班
```

公共列可以有多列，也就是连接键可以有多个，比如下面这个例子用学号和姓名两列做连接键：

```
>>>df1

    名次  姓名  学号  成绩
0   1     小张  100   650
1   2     小王  101   600
2   3     小李  102   578
3   4     小赵  103   550
>>>df2

    姓名  学号  班级
0   小张  100   一班
1   小王  101   一班
2   小李  102   二班
3   小赵  103   三班
>>>pd.merge(df1,df2,on = ["姓名","学号"])
    名次  姓名  学号  成绩   班级
0   1     小张  100   650    一班
1   2     小王  101   600    一班
2   3     小李  102   578    二班
```

```
3    4       小赵  103    550      三班
```

分别指定左右连接键

当两个表中没有公共列时，这里指的是实际值一样，但列名不同，否则就无法连接了。这个时候要分别指定左表和右表的连接键，使用的参数分别是 left_on 和 rigth_on，left_on 用来指明左表用作连接键的列名，right_on 用来指明右表用作连接键的列名，例子如下：

```
>>>df1
    名次  姓名  编号  成绩
0   1     小张  100   650
1   2     小王  101   600
2   3     小李  102   578
3   4     小赵  103   550
>>>df2
    学号  班级
0   100   一班
1   101   一班
2   102   二班
3   103   三班
>>>pd.merge(df1,df2,left_on = "编号",right_on = "学号")

    名次  姓名  成绩  编号  学号   班级
0   1     小张  650   100   100    一班
1   2     小王  600   101   101    一班
2   3     小李  578   102   102    二班
3   4     小赵  550   103   103    三班
```

把索引列当作连接键

索引列不算是真正的列，当公共列是索引列时，就要把索引列当作连接键，使用的参数分别是 left_index 和 right_index，left_index 用来控制左表的索引，right_index 用来控制右表的索引，下例中的左、右表的连接键均为各自的索引。

```
>>>df1
    名次  姓名  成绩
编号
100 1      小张  650
101 2      小王  600
102 3      小李  578
103 4      小赵  550
>>>df2

    班级
学号
100 一班
```

```
101 一班
102 二班
103 三班
>>>pd.merge(df1,df2,left_index = True,right_index = True)
    名次  姓名  成绩  班级
编号
100 1     小张  650   一班
101 2     小王  600   一班
102 3     小李  578   二班
103 4     小赵  550   三班
```

在上面的例子中，左表和右表的连接键均为索引，还可以把索引列和普通列混用，下例中左表的连接键为索引，右表的连接键为普通列。

```
>>>df1
    名次  姓名  成绩
编号
100 1     小张  650
101 2     小王  600
102 3     小李  578
103 4     小赵  550
>>>df2
    学号  班级
0   100   一班
1   101   一班
2   102   二班
3   103   三班
>>>pd.merge(df1,df2,left_index = True,right_on = "学号")
    名次  姓名  成绩  学号  班级
0   1     小张  650   100   一班
1   2     小王  600   101   一班
2   3     小李  578   102   二班
3   4     小赵  550   103   三班
```

11.1.3 连接方式

前两个小节我们举的例子比较标准，也就是左表中的公共列的值都可以在右表对应的公共列中找到，右表公共列的值也可以在左表对应的公共列中找到，但是现实业务中很多是互相找不到的，这个时候该怎么办呢？这就衍生出了用来处理找不到的情况的几种连接方式，用参数 how 来指明具体的连接方式。

内连接（inner）

内连接就是取两个表中的公共部分，在下面的例子中，学号 100、101、102 是两个表中的公共部分，内连接以后就只有这三个学号对应的内容。

```
>>>df1
```

```
    名次  姓名  学号  成绩
0   1     小张  100   650
1   2     小王  101   600
2   3     小李  102   578
3   4     小赵  103   550
>>>df2
    姓名  学号  班级
0   小张  100   一班
1   小王  101   一班
2   小李  102   二班
3   小钱  104   三班
>>>pd.merge(df1,df2,on = "学号",how = "inner")
    名次 姓名_x  学号   成绩   姓名_y    班级
0   1    小张    100    650    小张     一班
1   2    小王    101    600    小王     一班
2   3    小李    102    578    小李     二班
```

如果不指明连接方式，则默认都是内连接。

左连接（left）

左连接就是以左表为基础，右表往左表上拼接。下例的右表中没有学号为 103 的信息，拼接过来的信息就用 NaN 填充。

```
>>>pd.merge(df1,df2,on = "学号",how = "left")
    名次 姓名_x  学号   成绩   姓名_y    班级
0   1    小张    100    650    小张     一班
1   2    小王    101    600    小王     一班
2   3    小李    102    578    小李     二班
3   4    小赵    103    550    NaN      NaN
```

右连接（right）

右连接就是以右表为基础，左表往右表上拼接。下例的左表中没有学号为 104 的信息，拼接过来的信息就用 NaN 填充。

```
>>>pd.merge(df1,df2,on = "学号",how = "right")
    名次 姓名_x  学号   成绩   姓名_y    班级
0   1    小张    100    650    小张     一班
1   2    小王    101    600    小王     一班
2   3    小李    102    578    小李     二班
3   NaN  NaN     104    NaN    小钱     三班
```

外连接（outer）

外连接就是取两个表的并集。下例中表 df1 中学号为 100、101、102、103，表 df2 中学号为 100、101、102、104，因此外连接取并集以后的结果中应包含学号为 100、101、102、103、104 的信息。

```
>>>pd.merge(df1,df2,on = "学号",how = "outer")
    名次   姓名_x      学号   成绩   姓名_y     班级
0   1.0       小张   100      650.0    小张   一班
1   2.0       小王   101      600.0    小王   一班
2   3.0       小李   102      578.0    小李   二班
3   4.0       小赵   103      550.0    NaN    NaN
4   NaN       NaN    104      NaN      小钱   三班
```

11.1.4 重复列名处理

两个表在进行连接时，经常会遇到列名重复的情况。在遇到列名重复时，pd.merge()方法会自动给这些重复列名添加后缀_x、_y 或_z，而且会根据表中已有的列名自行调整，比如下面这个例子中的姓名列：

```
>>>df1
    名次   姓名   学号   成绩
0   1      小张   100    650
1   2      小王   101    600
2   3      小李   102    578
3   4      小赵   103    550
>>>df2
    姓名   学号   班级
0   小张   100    一班
1   小王   101    一班
2   小李   102    二班
3   小钱   104    三班
>>>pd.merge(df1,df2,on = "学号",how = "inner")
    名次  姓名_x  学号   成绩   姓名_y     班级
0   1     小张    100    650    小张       一班
1   2     小王    101    600    小王       一班
2   3     小李    102    578    小李       二班
```

当然我们也可以自定义重复的列名，只需要修改参数 suffixes 的值即可，默认为["_x","_y"]。

```
#给重复的列名加后缀_L 和_R
>>>pd.merge(df1,df2,on = "学号",how = "inner",suffixes = ["_L","_R"])
    名次  姓名_L  学号   成绩   姓名_R    班级
0   1     小张    100    650    小张      一班
1   2     小王    101    600    小王      一班
2   3     小李    102    578    小李      二班
```

11.2 表的纵向拼接

表的纵向拼接是与横向拼接相对应的，横向拼接是两个表依据公共列在水平方向上进行拼接，而纵向拼接是在垂直方向进行拼接。

一般的应用场景就是将分离的若干个结构相同的数据表合并成一个数据表，比如下面是两个班的花名册，这两个表的结构是一样的，需要把这两个表进行合并。

姓　名	班　级	编　号
1	许丹	一班
2	李旭文	一班
3	程成	一班
4	赵涛	一班

姓　名	班　级	编　号
1	赵义	二班
2	李鹏	二班
3	卫来	二班
4	葛颜	二班

在 Excel 中两个结构相同的表要实现合并，只需要把表二复制粘贴到表一的下方即可。

在 Python 中想纵向合并两个表，需要用到 concat()方法。

11.2.1 普通合并

普通合并就是直接将待合并表的表名以列表的形式传给 pd.concat()方法，运行代码，即可完成合并，例子如下：

```
>>>df1
    姓名  班级
编号
1   许丹  一班
2   李旭文 一班
3   程成  一班
4   赵涛  一班

>>>df2
    姓名  班级
编号
1   赵义  二班
2   李鹏  二班
3   卫来  二班
4   葛颜  二班
>>>pd.concat([df1,df2])
    姓名  班级
```

```
编号
1    许丹   一班
2    李旭文 一班
3    程成   一班
4    赵涛   一班
1    赵义   二班
2    李鹏   二班
3    卫来   二班
4    葛颜   二班
```

这样就把一班的花名册和二班的花名册合并到了一起。

11.2.2 索引设置

pd.concat()方法默认保留原表的索引，在 11.2.1 节的例子中表 df1 的索引列编号和表 df2 的索引列编号一样，合并后的索引列编号就显示为 12341234，但是这样看着很不顺眼。

我们可以通过设置参数 ignore_index 的值，让其等于 True，这样就会生成一组新的索引，而不保留原表的索引，如下所示。

```
>>>pd.concat([df1,df2],ignore_index = True)
     姓名   班级
0    许丹   一班
1    李旭文 一班
2    程成   一班
3    赵涛   一班
4    赵义   二班
5    李鹏   二班
6    卫来   二班
7    葛颜   二班
```

11.2.3 重叠数据合并

前面的数据都是比较干净的数据，现实中难免会有一些错误数据，比如一班的花名册里写进了二班的人，而这个人在二班的花名册里也出现了，这个时候如果直接合并两个表，肯定会有重复值，那么该怎么处理呢？

我们先调用 concat()函数，看是什么结果：

```
>>>df1
     姓名   班级
编号
1    许丹   一班
2    李旭文 一班
3    程成   一班
```

```
4   赵涛  一班
5   葛颜  二班
>>>df2
    姓名  班级
编号
1   赵义  二班
2   李鹏  二班
3   卫来  二班
4   葛颜  二班
>>>pd.concat([df1,df2],ignore_index = True)
    姓名  班级
0   许丹  一班
1   李旭文 一班
2   程成  一班
3   赵涛  一班
4   葛颜  二班
5   赵义  二班
6   李鹏  二班
7   卫来  二班
8   葛颜  二班
```

在上面的结果中“葛颜”出现了两次，前面讲过的重复值处理是不是可以处理这种情况呢？答案是肯定的，具体实现如下所示。

```
>>>pd.concat([df1,df2],ignore_index = True).drop_duplicates()
    姓名  班级
0   许丹  一班
1   李旭文 一班
2   程成  一班
3   赵涛  一班
4   葛颜  二班
5   赵义  二班
6   李鹏  二班
7   卫来  二班
```

经过删除重复值以后，“葛颜”就只出现一次了。

第 12 章

盛菜装盘——结果导出

12.1 导出为.xlsx 文件

在 Excel 中要将文件保存为.xlsx 格式的文件，直接将文件另存为即可，在另存为时选择 Excel 工作簿(*.xlsx)格式，如下图所示。

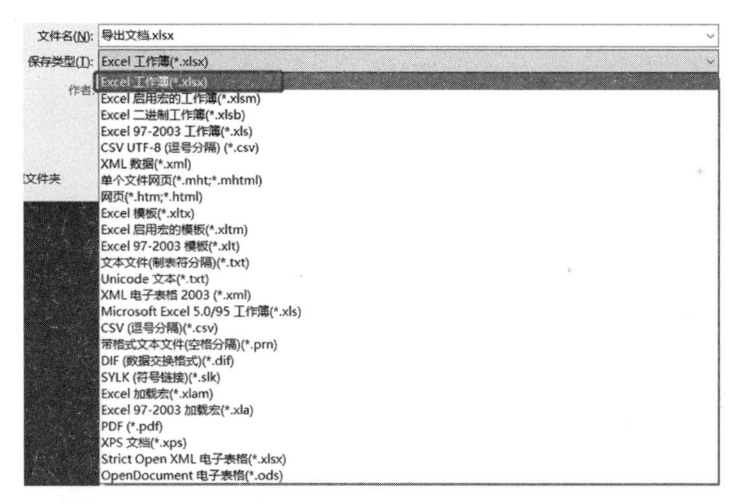

如果是将文件导出，那么只有 PDF/XPS 两种格式可选，如下图所示。

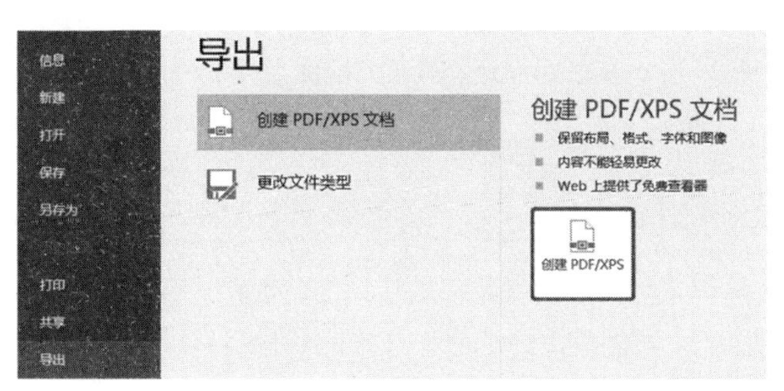

在 Python 中将文件导出为.xlsx 格式，用到的是 df.to_excel()方法，接下来的几个小节具体讲解 to_excel()方法。

12.1.1 设置文件导出路径

设置文件导出路径就是告诉 Python 要将这个文件导出到电脑的哪个文件夹里，且导出以后这个文件叫什么。通过调整参数 excel_writer 的值即可实现。

```
>>>df.to_excel(excel_writer = r"C:\Users\zhangjunhong\Desktop\测试文档.xlsx")
```

上面代码表示将表 df 导出到桌面，且导出以后的文件名为测试文档，导出以后的文档如下所示。

	用户ID	客户分类	区域	是否省会	7月销量	8月销量	9月销量
0	59224	A类	一线城市	是	6	20	0
1	55295	B类	三线城市	否	37	27	35
2	46035	A类	二线城市	是	8	1	8
3	2459	C类	一线城市	是	7	8	14
4	22179	B类	三线城市	否	9	12	4
5	22557	A类	二线城市	是	42	20	55

需要注意的是，如果同一导出文件已经在本地打开，则不能再次运行导出代码，会报错，需要将本地文件关闭以后再次运行导出代码。这有点类似于在本地修改文件名的操作，如果文件是打开的，即被占用的状态，那么不可以执行修改文件的操作。

12.1.2 设置 Sheet 名称

.xlsx 格式的文件有多个 Sheet，Sheet 的默认命名方式是 Sheet 后加阿拉伯数字，通常从 Sheet1 往上递增，我们也可以对默认的 Sheet 名字进行修改，只要修改 sheet_name 参数即可，具体实现如下所示。

```
>>>df.to_excel(excel_writer = r"C:\Users\zhangjunhong\Desktop\测试文档.xlsx",
sheet_name = "测试文档")
```

运行上面代码以后，导出到本地文件的 Sheet 名字将从原来的 Sheet1 变成测试文档。

12.1.3 设置索引

上面导出文件中关于索引的参数都是默认的，也就是没有对索引做什么限制，但是我们可以看到 index 索引使用的是从 0 开始的默认自然数索引，这种索引是没有意义的，设置参数 index=False 就可以在导出时把这种索引去掉，具体实现如下所示。

```
>>>df.to_excel(excel_writer = r"C:\Users\zhangjunhong\Desktop\导出文档.xlsx",
              sheet_name = "测试文档",
              index = False)
```

上面代码运行的结果如下图所示，从 0 开始的自然数索引没有被展示出来。

A	B	C	D	E	F	G
用户ID	客户分类	区域	是否省会	7月销量	8月销量	9月销量
59224	A类	一线城市	是	6	20	0
55295	B类	三线城市	否	37	27	35
46035	A类	二线城市	是	8	1	8
2459	C类	一线城市	是	7	8	14
22179	B类	三线城市	否	9	12	4
22557	A类	二线城市	是	42	20	55

12.1.4 设置要导出的列

有的时候一个表的列数很多，我们并不需要把所有的列都导出，这个时候就可以通过设置 columns 参数来指定要导出的列，这和导入时设置只导入部分列的原理类似，代码如下所示。

```
>>>df.to_excel(excel_writer = r"C:\Users\zhangjunhong\Desktop\导出文档.xlsx",
              sheet_name = "测试文档",
              index = False,
              columns = ["用户 ID","7 月销量","8 月销量","9 月销量"])
```

下图为只导出用户 ID、7 月销量、8 月销量、9 月销量的结果文件。

A	B	C	D
用户ID	7月销量	8月销量	9月销量
59224	6	20	0
55295	37	27	35
46035	8	1	8
2459	7	8	14
22179	9	12	4
22557	42	20	55

12.1.5 设置编码格式

我们在导入文件时需要设置编码格式，导出文件的时候同样也需要，修改编码格式的参数与导入文件时的一致，也使用的 encoding，encoding 参数值一般选择"utf-8"。

```
>>>df.to_excel(excel_writer = r"C:\Users\zhangjunhong\Desktop\导出文档.xlsx",
              sheet_name = "测试文档",
              index = False,
              encoding = "utf-8"
              )
```

12.1.6 缺失值处理

虽然我们在前面的数据预处理过程中已经处理了缺失值，但是在数据分析过程中也可能会产生一些缺失值，如果在导出的时候，数据表中有缺失值，那么就要对表中的缺失值进行填充，使用的参数为na_rep，具体实现如下所示。

```
>>>df.to_excel(excel_writer = r"C:\Users\zhangjunhong\Desktop\导出文档.xlsx",
           sheet_name = "测试文档",
           index = False,
           encoding = "utf-8",
           na_rep = 0#缺失值填充为0
           )
```

12.1.7 无穷值处理

无穷值（inf）与缺失值（Nan）都是异常数据，当你用一个浮点数除以0时，就会得到一个无穷值，无穷值的存在会导致接下来的计算报错，所以需要对无穷值进行处理。

可以通过下面这种方式生成正无穷值与负无穷值。

```
>>>float("inf")
inf
>>>float("-inf")
-inf
```

下面的数据表中含有inf值，要把inf值替换掉，就要设置参数inf_rep的值。

	用户ID	客户分类	区域	是否省会	7月销量	8月销量	9月销量
0	59224	A类	一线城市	是	6.000000	20	0
1	55295	B类	三线城市	否	inf	27	35
2	46035	A类	二线城市	是	8.000000	1	8
3	2459	C类	一线城市	是	7.000000	8	14
4	22179	B类	三线城市	否	9.000000	12	4
5	22557	A类	二线城市	是	42.000000	20	55

把inf_rep的值填充为0，具体实现如下所示。

```
>>>df.to_excel(excel_writer = r"C:\Users\zhangjunhong\Desktop\导出文档.xlsx",
           sheet_name = "测试文档",
           index = False,
           encoding = "utf-8",
           na_rep = 0,#缺失值填充为0
           inf_rep = 0#无穷值填充为0
)
```

下图为导出到本地的文档，可以看到 inf 值已经被替换成 0 了。

用户ID	客户分类	区域	是否省会	7月销量	8月销量	9月销量
59224	A类	一线城市	是	6	20	0
55295	B类	三线城市	否	0	27	35
46035	A类	二线城市	是	8	1	8
2459	C类	一线城市	是	7	8	14
22179	B类	三线城市	否	9	12	4
22557	A类	二线城市	是	42	20	55

12.2 导出为.csv 文件

在 Excel 中要将文件保存为.csv 格式，直接将文件另存为，在另存为时有两种.csv 文件可选，这两种文件虽然后缀均为.csv，但是编码方式不同，CSV UTF-8(逗号分隔)(*.csv)采用的编码格式是 UTF-8，而 CSV(逗号分隔)(*.csv)采用的编码格式是 gbk 编码，如下图所示。

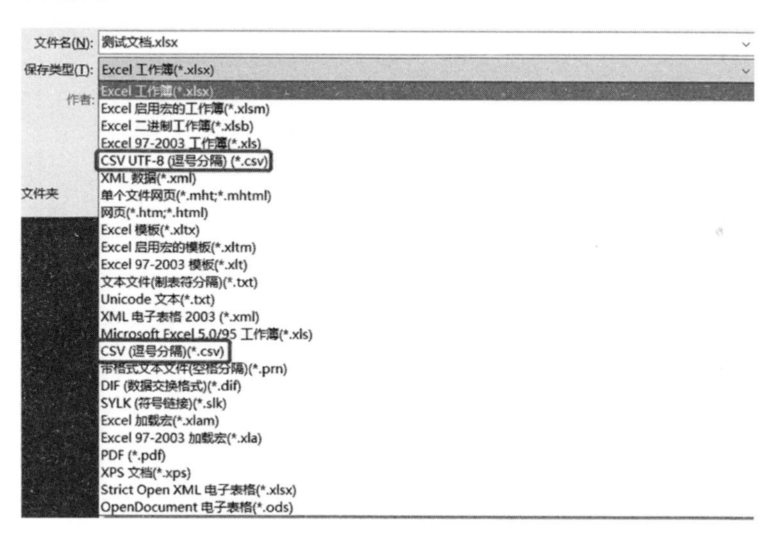

在 Python 中，将文件导出为.csv 文件使用的是 to_csv 方法，接下来的几个小节具体讲解 to_csv 方法的一些参数。

12.2.1 设置文件导出路径

设置.csv 文件的导出路径时，与设置.xlsx 文件的导出路径一样，但是参数不一样，.csv 文件的导出路径需通过 path_or_buf 参数来设置。

```
>>>df.to_csv(path_or_buf = r"C:\Users\zhangjunhong\Desktop\导出文档.csv")
```

导出.csv 文件时的注意事项与导出.xlsx 文件时的注意事项一致：如果同一导出文

件已经在本地打开，则不能再次运行导出代码，那样会报错，需要将本地文件关闭以后再运行导出代码。

12.2.2 设置索引

导出.csv 文件时与导出.xlsx 文件时对索引的设置是一致的，可以通过设置 index 参数，让从 0 开始的默认自然数索引不展示出来。

```
>>>df.to_csv(path_or_buf = r"C:\Users\zhangjunhong\Desktop\导出文档.csv",
             index = False)
```

12.2.3 设置要导出的列

导出.csv 文件时也可以设置要导出哪些列，用的参数同样是 columns。

```
>>>df.to_csv(path_or_buf = r"C:\Users\zhangjunhong\Desktop\导出文档.csv",
             index = False,
             columns = ["用户 ID","7 月销量","8 月销量","9 月销量"])
```

12.2.4 设置分隔符号

分隔符号就是用来指明导出文件中的字符之间是用什么来分隔的，默认使用逗号分隔，常用的分隔符号还有空格、制表符、分号等。用参数 sep 来指明要用的分隔符号。

```
>>>df.to_csv(path_or_buf = r"C:\Users\zhangjunhong\Desktop\导出文档.csv",
             index = False,
             columns = ["用户 ID","7 月销量","8 月销量","9 月销量"],
             sep = ",")
```

12.2.5 缺失值处理

导出.csv 文件时用的缺失值处理方法与导出.xlsx 文件时用的缺失值处理方法是一样的，也是通过参数 na_rep 来指明要用什么填充缺失值。

```
>>>df.to_csv(path_or_buf = r"C:\Users\zhangjunhong\Desktop\导出文档.csv",
             index = False,
             columns = ["用户 ID","7 月销量","8 月销量","9 月销量"],
             sep = ",",
             na_rep = 0)
```

12.2.6 设置编码格式

在 Python 3 中，导出为.csv 文件时，默认编码为 UTF-8，如果使用默认的 UTF-8 编码格式，导出的文件在本地电脑打开以后中文会乱码，所以一般使用 utf-8-sig 或者 gbk 编码。

```
>>>df.to_csv(path_or_buf = r"C:\Users\zhangjunhong\Desktop\导出文档.csv",
            index = False,
            columns = ["用户 ID","7 月销量","8 月销量","9 月销量"],
            sep = ",",
            na_rep = 0,
            encoding = "utf-8-sig")
```

12.3 将文件导出到多个 Sheet

有的时候一个脚本一次会生成多个文件，可以将多个文件分别导出成多个文件，也可以将多个文件放在一个文件的不同 Sheet 中，这个时候要用 ExcelWriter()函数将多个文件分别导出到不同 Sheet 中，具体方法如下：

```
#声明一个读写对象
#excelpath 为文件要存放的路径
>>>writer = pd.ExcelWriter(excelpath,engine = "xlsxwriter")

#分别将表 df1、df2、df3 写入 Excel 中的 Sheet1、Sheet2、Sheet3
#并命名为表 1、表 2、表 3
>>>df1.to_excel(writer,sheet_name = "表 1")
>>>df2.to_excel(writer,sheet_name = "表 2")
>>>df3.to_excel(writer,sheet_name = "表 3")

#保存读写的内容
>>>writer.save()
```

第 13 章

菜品摆放——数据可视化

13.1 数据可视化是什么

假设你要向老板汇报公司 1—9 月的注册人数，下面三种不同的表现形式，你会选择哪种？如果你是老板，那么你希望收到下属发来哪种形式的汇报呢？

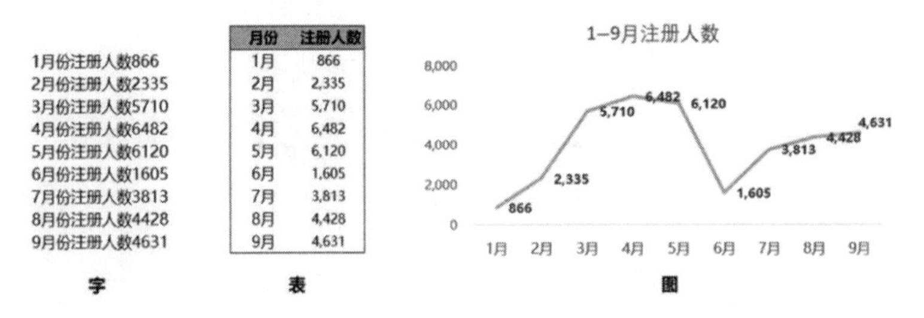

我相信大部分人对这三者的选择顺序都是图、表、字，即所谓的字不如表，表不如图。之所以会优先选择图的形式，是因为图不仅可以看出每个月具体的数值，而且可以看出趋势及最值点。

我们把这种借助图形来清晰有效表达信息的方式称为可视化，可视化可以帮助我们更好地传递信息。

13.2 数据可视化的基本流程

13.2.1 整理数据

数据可视化的基础还是数据，你要将数据图表化，首先要整理数据，明确要把哪些数据图表化。

比如我们要把最近几个月的销量数据图表化。

13.2.2 明确目的

知道了要把哪些数据图表化以后，就需要明确目的，我们前面说了，可视化是用来表达信息的一种方式，既然是用来表达信息的，就应该明确要表达什么，要传递给看图人哪些信息。例如，要表达最近几个月的销量呈上涨趋势，还是要表达用户中有超过 50%的用户是 90 后。

13.2.3 寻找合适的表现形式

明确了要表达什么信息以后，就可以选择合适的表现形式了，不同的目的使用的表现形式是不一样的。

还是用我们前面的例子，要说明最近几个月的销量趋势首选折线图，通过折线图的走势，可以很清楚地看出最近几个月销量是上升还是下降的；如果要说明不同年龄层用户的占比首选饼图，这样我们能很清楚地看出哪个年龄层占比最大，哪个占比最小。

13.3 图表的基本组成元素

一个正规的可视化图表如下图所示，该表包含了一个图表中的基本组成元素。

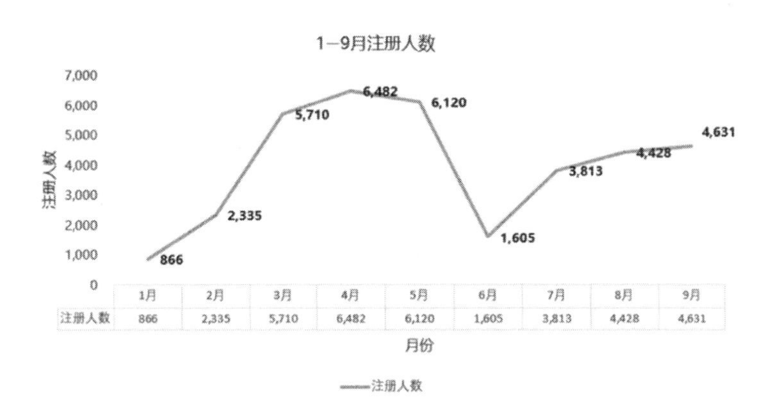

	1月	2月	3月	4月	5月	6月	7月	8月	9月
注册人数	866	2,335	5,710	6,482	6,120	1,605	3,813	4,428	4,631

画布

画布就是字面意思，你首先需要找到一块“布”，即绘图界面，然后在这块“布”上绘制图表。

坐标系

画布是图表的最大概念，在一块画布上可以建立多个坐标系，坐标系又可以分为直角坐标系、球坐标系和极坐标系三种，其中直角坐标系最常用。

坐标轴

坐标轴是在坐标系中的概念，主要有 *x* 轴和 *y* 轴（一般简单的可视化均为二维），一组 x/y 值用来唯一确定坐标系上的一个点。

x 轴也称横轴，就是上图中的月份；*y* 轴也称纵轴，就是上图中的注册人数。

在上图的坐标系中，通过月份和注册人数可以唯一确定一个点。

坐标轴标题

坐标轴标题就是 *x* 轴和 *y* 轴的名称，在上图中我们把 *x* 轴称为月份，把 *y* 轴称为注册人数。

图表标题

图表标题是用来说明整个图表核心主题的，上图中的核心主题就是在 1—9 月中每月的注册人数。

数据标签

数据标签用于展示图表中的数值。上图为折线图，是由不同月份和注册人数确定不同的唯一点，然后将这些点连接起来就是一个折线图，折线图是一条线，如果将每个点对应的数值显示出来，这些数值就是数据标签。

数据表

数据表在图表下方，它以表格的形式将图表中坐标轴的值展示出来。

网格线

网格线是坐标轴的延伸，通过网格线可以更加清晰地看到每一点大概在什么位置，值大概是多少。

图例

图例一般位于图表的下方或右方，用来说明不同的符号或颜色所代表的不同内容与指标，有助于认清图。

上图中只有一条折线，所以图例的作用不是很大，但是当一个图表中有多条折线图，或者包含不同形状的混合时，图例的作用就显而易见了。你可以很快辨别出哪个颜色的折线代表哪个指标。

误差线

误差线主要用来显示坐标轴上每个点的不确定程度，一般用标准差表示，即一个点的误差为该点的实际值加减标准差。

13.4 Excel 与 Python 可视化

无论是 Excel 还是 Python，它们数据可视化的基本流程及图表的基本组成元素都是一样的。

在 Excel 中进行数据可视化比较简单，直接选中要图表化的数据，然后单击插入选项卡，选择合适的图表类型就可以对图表格式进行设置了，如下图所示。

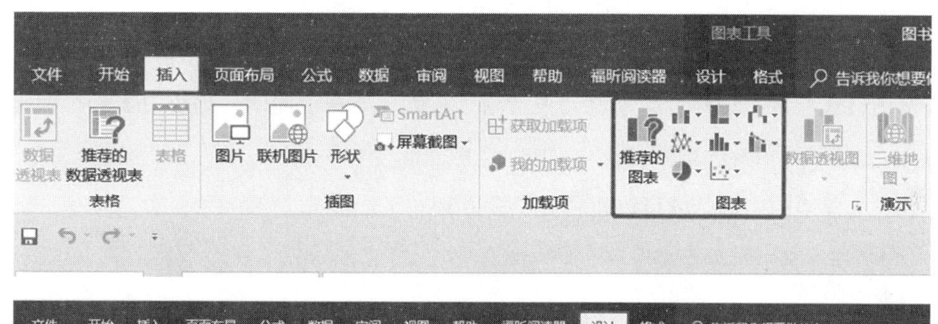

因为 Excel 图表绘制相对简单，所以本书就不赘述了，接下来的部分主要讲解 Python 中的图表格式设置及常用图表绘制。

13.5 建立画布和坐标系

13.5.1 建立画布

在开始正式的画布建立之前，要先把需要用的库加载进来，在 Python 中可视化用的库是 matplotlib 库。除了导入 matplotlib 库，还要多加三行代码，这样图表才能正常显示，具体的代码如下：

```
#导入 matplotlib 库中的 pyplot 并起别名为 plt
>>>import matplotlib.pyplot as plt
```

```
#让图表直接在 Jupyter Notebook 中展示出来
>>>%matplotlib inline

#解决中文乱码问题
>>>plt.rcParams["font.sans-serif"]='SimHei'

#解决负号无法正常显示的问题
>>>plt.rcParams['axes.unicode_minus'] = False
```

在默认设置下 matplotlib 做出来的图表不是很清晰，这个时候可以将图表设置成矢量图格式显示，这样看起来就会很清晰了，因此要在上面的代码块中加一行代码：

```
%config InlineBackend.figure_format = 'svg'
```

导入需要的库以后就可以正式开始建立画布了。

```
>>>fig = plt.figure()
<matplotlib.figure.Figure at 0x1d5a0384208>
```

plt.figure 里面有一个参数 figsize，它用 width 和 height 来控制整块画布的宽和高。

```
#建立宽为 8 高为 6 的画布
>>>plt.figure(figsize = (8,6))
<matplotlib.figure.Figure at 0x256823bbcc0>
```

需要注意的一点就是，建立画布以后画布并不会直接显示出来，只会输出一串画布相关信息的代码。

画布建立好以后就可以在画布上绘制坐标系了。在 Excel 中直接选择插入图表就相当于建立一个坐标系，在 Python 中会有多种建立坐标系的方式，接下来具体看一下这几种不同的建立方式。

13.5.2 用 add_subplot 函数建立坐标系

利用 add_subplot 函数建立坐标系时需要先有画布，再在画布上绘制坐标系。

在画布 fig 上绘制 1×1 个坐标系，并且把坐标系赋值给变量 ax1，代码如下所示。

```
>>>fig = plt.figure()
>>>ax1 = fig.add_subplot(1,1,1)
```

运行代码得到如下图所示坐标系。

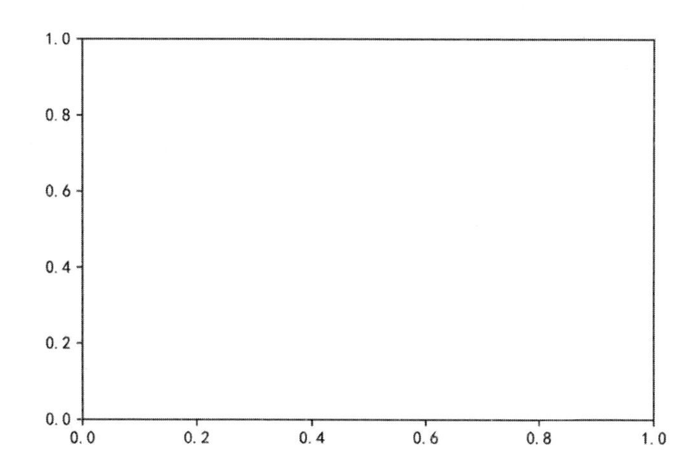

在画布 fig 上同时绘制 2×2 个坐标，即 4 个坐标系，并且把第一个坐标系赋值给变量 ax1；第二个坐标系赋值给 ax2；第三个坐标系赋值给 ax3；第四个坐标系赋值给 ax4，代码如下所示。

```
>>>fig = plt.figure()
>>>ax1 = fig.add_subplot(2,2,1)
>>>ax2 = fig.add_subplot(2,2,2)
>>>ax3 = fig.add_subplot(2,2,3)
>>>ax4 = fig.add_subplot(2,2,4)
```

运行代码得到 4 个坐标系，如下图所示。

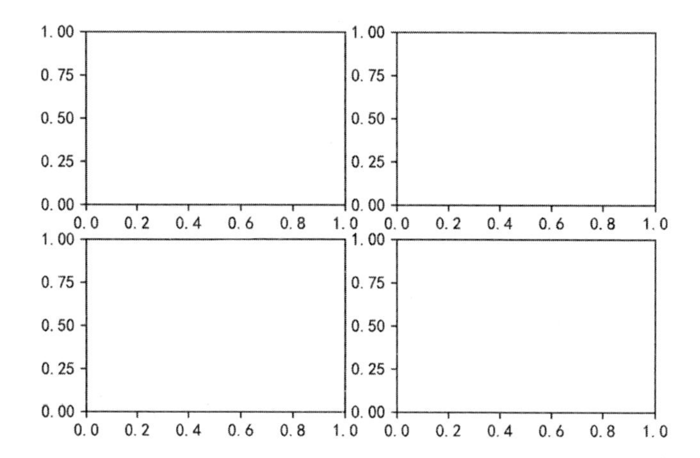

13.5.3 用 plt.subplot2grid 函数建立坐标系

用 plt.subplot2grid 函数建立坐标系时不需要先建立画布，只需要导入 plt 库即可。导入 plt 库以后可以直接调用 plt 库的 subplot2grid 方法建立坐标系，示例如下：

```
>>>plt.subplot2grid((2,2),(0,0))
```

上面代码表示将图表的整个区域分成 2 行 2 列，且在(0,0)位置绘图，坐标系如下图所示。

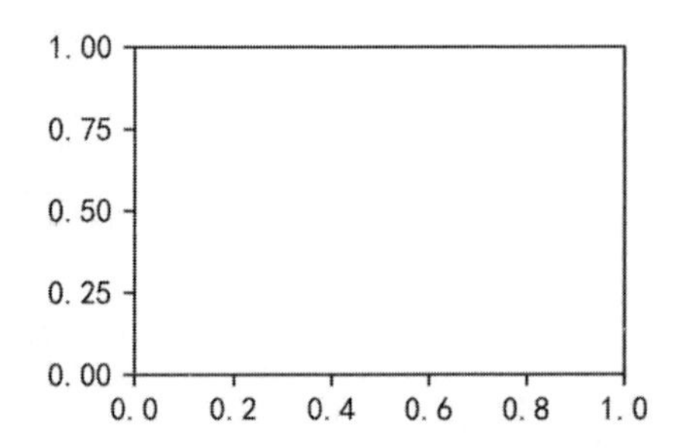

用这种方式建立坐标系时，具体的绘图代码需要跟在建立坐标系的语句后面。将图表的整个区域分成 2 行 2 列，并在(0,0)位置做折线图，在(0,1)位置做柱形图，具体实现如下所示。

```
>>>import numpy as np
>>>x = np.arange(6)
>>>y = np.arange(6)

#将图表的整个区域分成 2 行 2 列，且在(0,0)位置做折线图
>>>plt.subplot2grid((2,2),(0,0))
>>>plt.plot(x,y)

#将图表的整个区域分成 2 行 2 列，且在(0,1)位置做柱形图
>>>plt.subplot2grid((2,2),(0,1))
>>>plt.bar(x,y)
```

运行结果如下图所示。

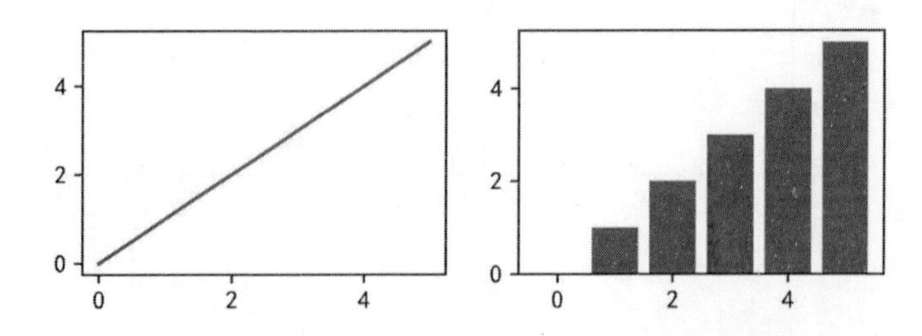

13.5.4 用 plt.subplot 函数建立坐标系

与 plt.subplot2grid 函数类似，plt.subplot 也是 plt 库的一个函数，也表示将区域分成几份，并指明在哪一块区域上绘图，两者的区别只是表现形式不一样。

```
>>>plt.subplot(2,2,1)
```

上面的代码表示将图表的整个区域分成 2 行 2 列，且在第 1 个坐标系里面绘图，运行结果如下图所示。

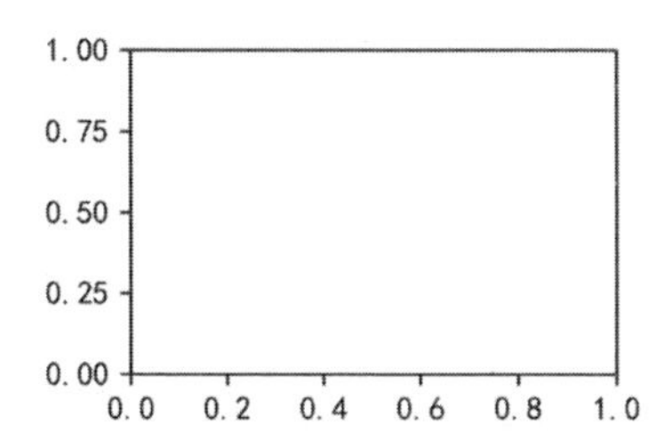

用这种方式建立坐标系时同样需要将具体的绘图代码跟在建立坐标系语句后面。将图表的整个区域分成 2 行 2 列，并在第 1 个坐标系上做折线图，在第 4 个坐标系上做柱形图，具体实现如下所示。

```
>>>import numpy as np
>>>x = np.arange(6)
>>>y = np.arange(6)

#将图表的整个区域分成 2 行 2 列，且在第 1 个坐标系上做折线图
>>>plt.subplot(2,2,1)
>>>plt.plot(x,y)

#将图表的整个区域分成 2 行 2 列，且在第 4 个坐标系上做柱形图
>>>plt.subplot(2,2,4)
>>>plt.bar(x,y)
```

运行结果如下图所示。

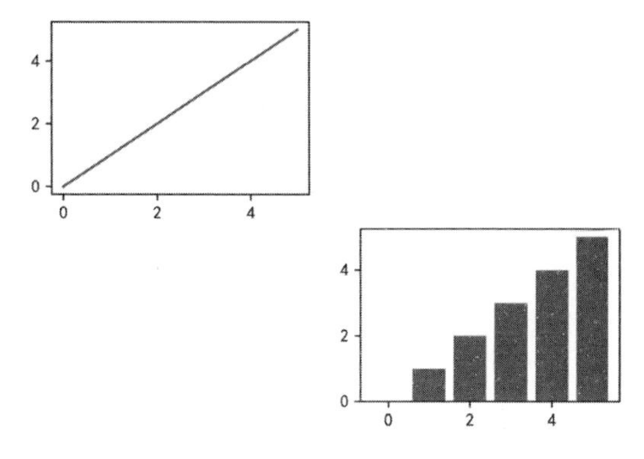

13.5.5 用 plt.subplots 函数建立坐标系

plt.subplots 函数也是 plt 库的一个函数，它与 subplot2grid 函数和 subplot 函数的不同之处是，subplot2grid 函数和 subplot 函数每次只返回一个坐标系，而 subplots 函数一次可以返回多个坐标系。

```
>>>fig,axes = plt.subplots(2,2)
```

上面代码表示将图表的整个区域分成 2 行 2 列，并将 4 个坐标系全部返回，运行结果如下图所示。

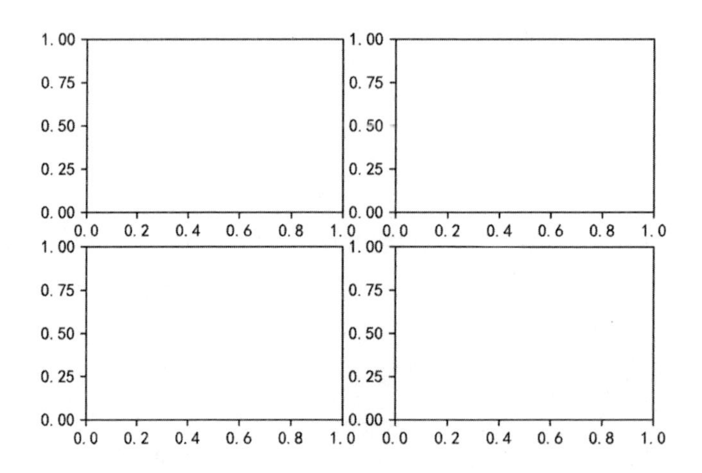

你想在哪个坐标系里面绘图通过 axes[x,y]指明即可。现在我们在上例的图表中绘图，首先在[0,0]坐标系中绘制折线图，然后在[1,1]坐标系中绘制柱状图，具体实现如下所示。

```
>>>import numpy as np
>>>x = np.arange(6)
>>>y = np.arange(6)

#在[0,0]坐标系中绘制折线图
>>>axes[0,0].plot(x,y)

#在[1,1]坐标系中绘制柱状图
>>>axes[1,1].bar(x,y)
```

运行结果如下图所示。

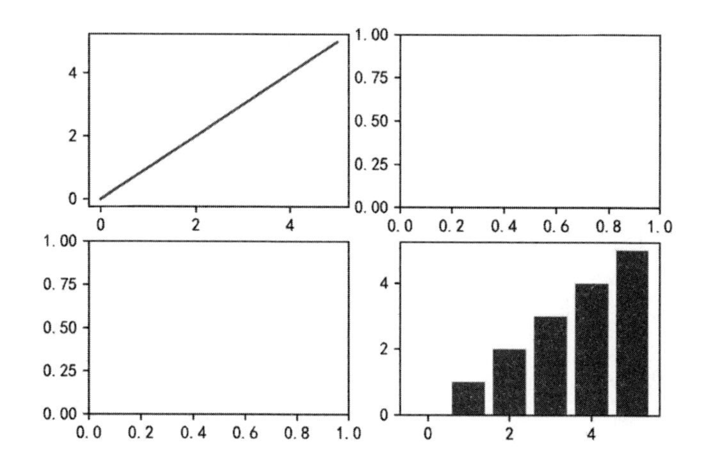

13.5.6 几种创建坐标系方法的区别

第一种创建坐标系的方法 add_subplot 属于对象式编程，所有的操作都是针对某个对象进行的，比如先建立一块画布，然后在这块画布上建立坐标系，进而在坐标系上绘图。而后三种建立坐标系的方法属于函数式编程，都是直接调用 plt 库里面的某个函数或者方法达到创建坐标系的目的。

对象式编程的代码比较烦琐，但是便于理解；函数式编程虽然代码简洁，但是不利于新人掌握整体的绘图原理，所以建议大家刚开始的时候多使用对象式编程，当大家对整个绘图原理很熟悉时，再尝试使用函数式编程。

这两种编程方式不仅体现在创建坐标系中，在接下来的一些操作中也会有涉及，有的时候两者会交叉使用，也就是在一段代码中既有函数式编程，也有对象式编程。

13.6 设置坐标轴

13.6.1 设置坐标轴的标题

下图中横轴的标题为月份，纵轴的标题为注册人数。

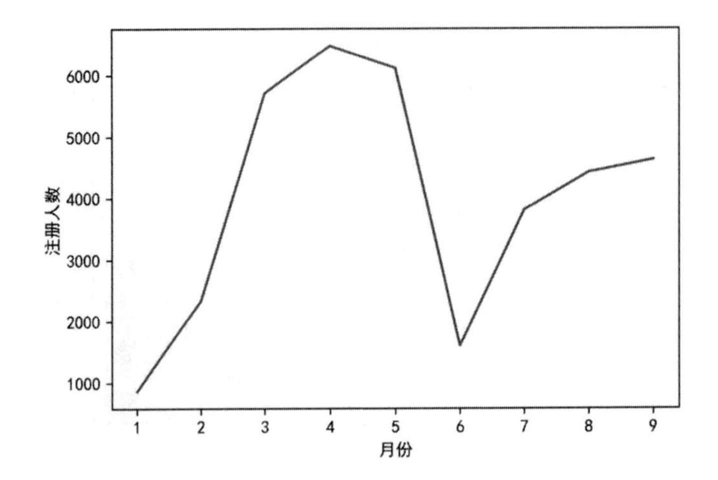

它们的设置方法如下所示。

```
>>>plt.xlabel("月份")
>>>plt.ylabel("注册量")
```

还可以设置 xlabel、ylabel 到 x 轴和 y 轴的距离，给参数 labelpad 传入具体的距离数即可，实现方法如下所示。

```
>>>plt.xlabel("月份",labelpad = 10)
>>>plt.ylabel("注册量",labelpad = 10)
```

运行结果如下图所示。

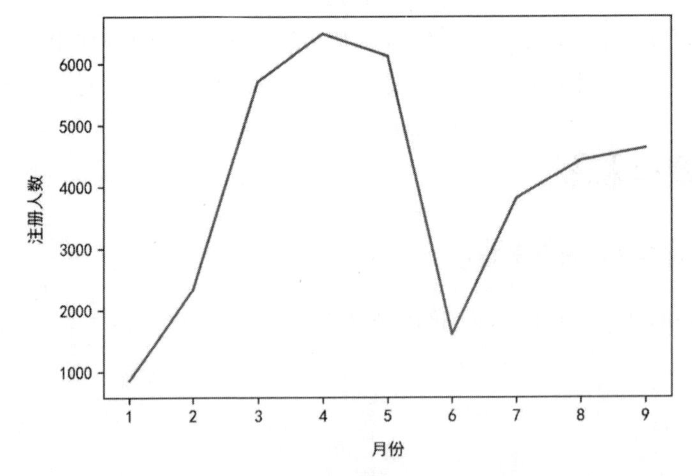

还可以对 xlabel、ylabel 的文本相关性质进行设置，比如设置字体大小、字体颜色、是否加粗等。为了增加区分度，我们只对 xlabel 的文本相关性质进行了设置，代码如下所示：

```
>>>plt.xlabel("月份",fontsize='xx-large',
              color = "#70AD47",fontweight = 'bold')
>>>plt.ylabel("注册人数")
```

运行结果如下图所示。

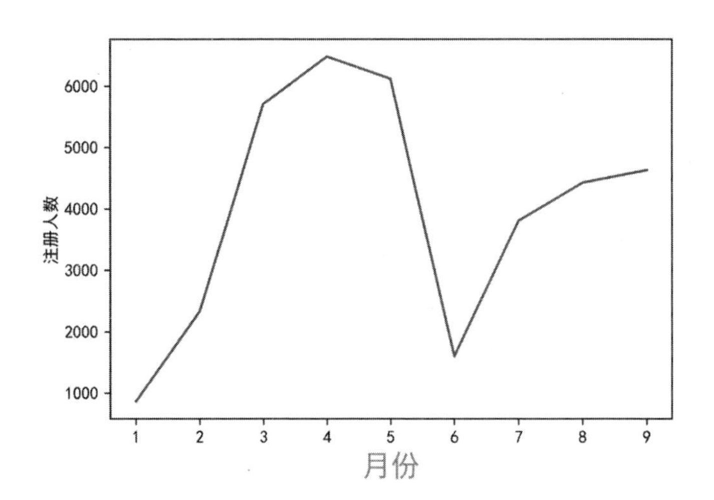

13.6.2 设置坐标轴的刻度

坐标轴刻度设置的第一点就是 *x* 轴、*y* 轴每个刻度处显示什么，默认都是显示 *x*/*y* 的值，可以自定义显示不同刻度处的值，使用的方法是 plt 库中的 xticks、yticks 函数：

```
#ticks 表示刻度值，labels 表示该刻度处对应的标签
plt.xticks(ticks,labels)
plt.yticks(ticks,labels)
```

xticks、yticks 中的 labels 也支持文本相关的性质设置，与 xlabel、ylabel 的文本相关性质设置方式一致。

把图表中 *x* 轴的刻度值均定义成月份，*y* 轴的刻度值均定义成人数，代码如下所示。

```
#设置 x 轴刻度
>>>plt.xticks(np.arange(9),["1 月份","2 月份","3 月份",
          "4 月份","5 月份","6 月份","7 月份","8 月份","9 月份"])
#设置 y 轴刻度
>>>plt.yticks(np.arange(1000,7000,1000),
          ["1000 人","2000 人","3000 人","4000 人","5000 人","6000 人"])
```

运行结果如下图所示。

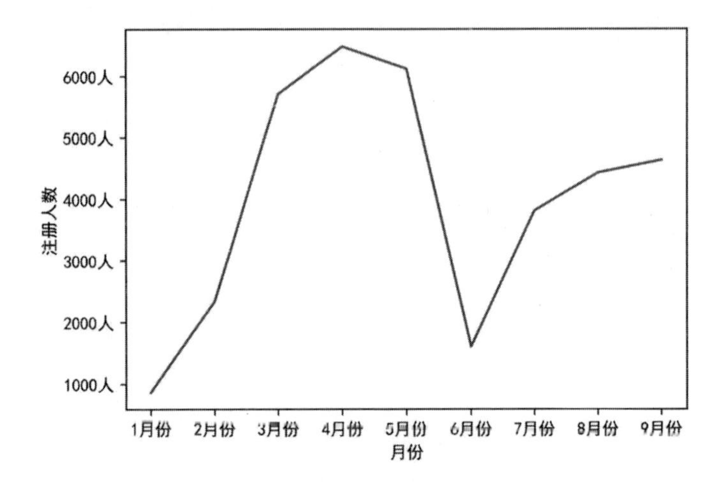

有的时候为了数据安全不会把 *x*/*y* 轴的数值具体显示出来，这个时候只需要给 xticks、yticks 传入一个空列表就可以把 *x*/*y* 轴的数值隐藏起来，代码如下所示。

```
>>>plt.xticks([])
>>>plt.yticks([])
```

运行结果如下图所示。

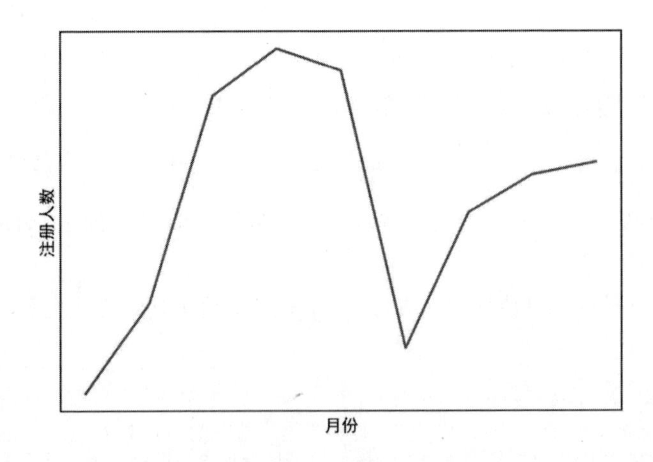

除了 xticks、yticks 方法，还可以使用 plt 库中 tick_params 函数对轴刻度线进行设置。

```
plt.tick_params(axis,reset,which,direction,length,width,color,pad
,labelsize,labelcolor,bottom, top, left, right,labelbottom, labeltop,
labelleft, labelright,)
```

tick_params 函数中的参数及说明如下表所示。

参　　数	说　　明
axis	对哪个轴的刻度线进行设置，x、y、both 三个可选
reset	是否重置所有设置，True/False
which	对哪种刻度线进行设置，major（主刻度线）、minor（次刻度线）、both 三个可选
direction	刻度线的朝向，in（朝里）、out（朝外）、inout（里外均有）三个可选
length	刻度线长度
width	刻度线宽度
color	刻度线颜色
pad	刻度线与刻度标签之间的距离
labelsize	刻度标签大小
labelcolor	刻度标签颜色
top、bottom、left、right	True/False 可选，控制上、下、左、右刻度线是否显示
labeltop、Labelbottom、labelleft、labelright	True/False 可选，控制上、下、左、右刻度标签是否显示

在 2×1 个坐标系上的第 1 个坐标系中绘图，轴刻度线设置成双向且下轴刻度线不显示；同时在它的第 2 个坐标系中绘图，轴刻度线设置成双向且下轴刻度标签不显示，代码如下所示。

```
>>>x = np.array([1, 2, 3, 4, 5, 6, 7, 8, 9])
>>>y = np.array([ 866, 2335, 5710, 6482, 6120, 1605, 3813, 4428, 4631])

#在 2×1 坐标系上的第 1 个坐标系中绘图
>>>plt.subplot(2,1,1)
>>>plt.plot(x,y)
>>>plt.xlabel("月份")
>>>plt.ylabel("注册人数")

#轴刻度线设置成双向且下轴刻度线不显示
>>>plt.tick_params(axis = "both",which = "both",direction =
"inout",bottom = "false")

#在 2×1 坐标系上的第 2 个坐标系中绘图
>>>plt.subplot(2,1,2)
>>>plt.plot(x,y)
>>>plt.xlabel("月份")
>>>plt.ylabel("注册人数")

#轴刻度线设置成双向且下轴刻度标签不显示
```

```
>>>plt.tick_params(axis = "both",which = "both",
                   direction = "inout",labelbottom = "false")
```

运行结果如下图所示。

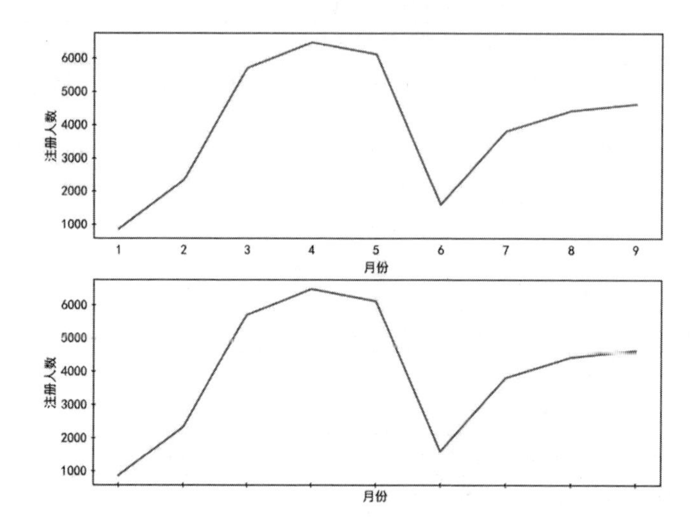

13.6.3 设置坐标轴的范围

坐标轴刻度范围就是设置坐标轴的最大值和最小值，把图表中 x 轴的刻度范围设置为 0~10，y 轴的刻度范围设置为 0~8000。

```
>>>plt.xlim(0,10)
>>>plt.ylim(0,8000)
```

运行结果如下图所示。

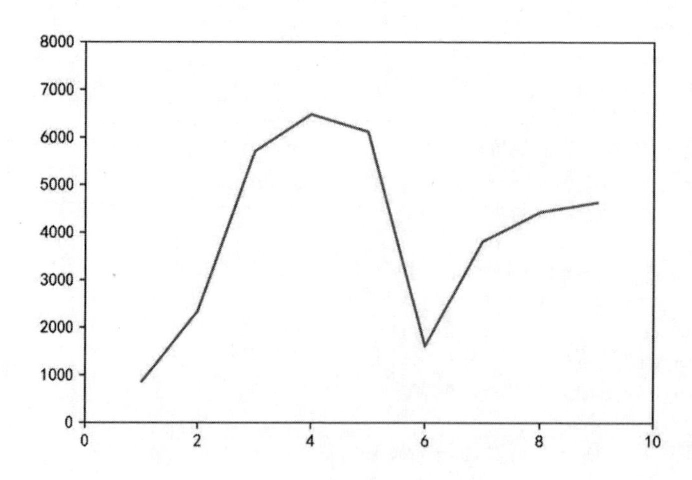

13.6.4 坐标轴的轴显示设置

有的时候为了美观，会把一些不需要显示的轴关闭，这个时候就可以通过坐标轴的轴显示设置达到目的，坐标轴中的轴默认都是显示出来的，可以通过如下方式进行关闭。

```
>>>plt.axis("off")
```

关闭坐标轴的轴显示如下图所示。

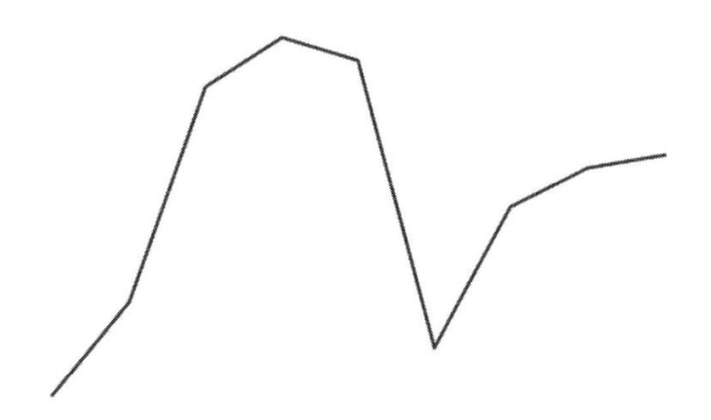

13.7 其他图表格式的设置

13.7.1 网格线设置

网格线是相比于坐标轴更小的单位，网格线默认是关闭的，可以通过修改参数 b 的值，让其等于 True 来启用网格线。

```
>>>plt.grid(b = "True")
```

参数 b = True，默认是将 x 轴和 y 轴的网格线全部打开，运行结果如下图所示。

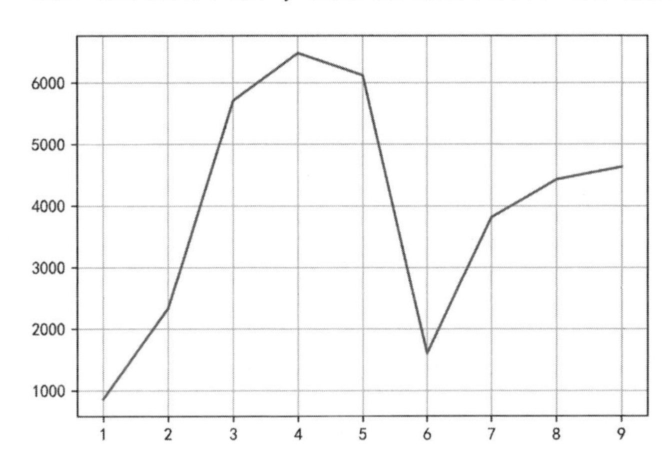

可以通过修改参数 axis 的值来控制打开哪个轴的网格线。

只打开 x 轴的网格线。

```
>>>plt.grid(b = "True",axis = "x")#只打开 x 轴的网格线
```

运行结果如下图所示。

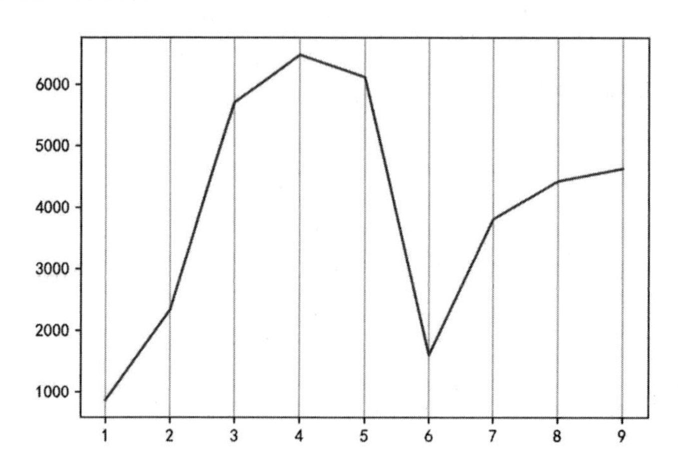

只打开 y 轴的网格线。

```
>>>plt.grid(b = "True",axis = "y")#只打开 y 轴的网格线
```

运行结果如下图所示。

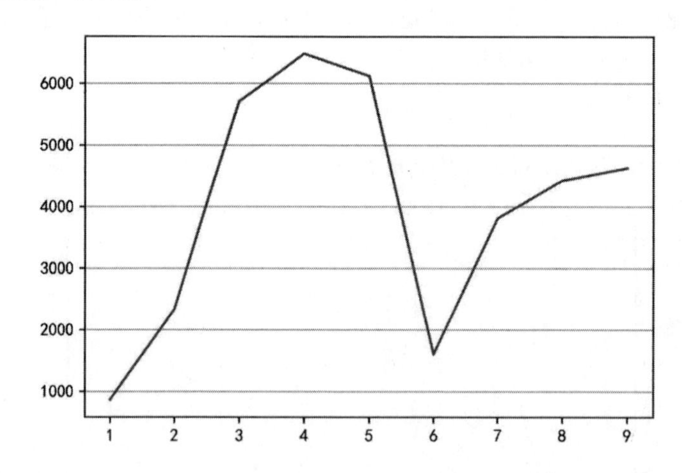

网格线也属于线，所以除了可以设置显示 x 轴或 y 轴的，还可以对网格线的线本身进行设置，比如线宽、线型、线的颜色等，关于线相关的设置会在折线图绘制部分详细讲解。现在只举一个例子，把网格线的线型（linestyle）设置成虚线（dashed），

线宽（linewidth）设置为 1，代码如下所示。

```
#线型设置成虚线，线宽设置成 1
>>>plt.grid(b = "True",linestyle='dashed', linewidth=1)
```

运行结果如下图所示。

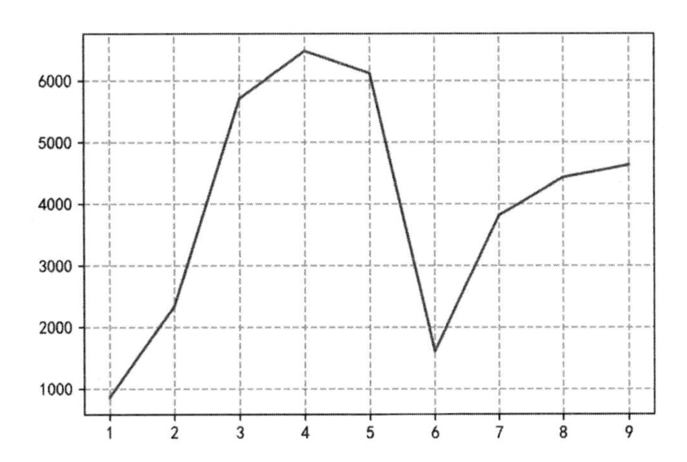

13.7.2 设置图例

图例对图表起到注释作用，在绘图的时候通过给 label 参数传入值表示该图表的图例名，再通过 plt.legend()方法将图例显示出来，使用方法如下：

```
>>>plt.plot(x,y,label = "折线图")
>>>plt.bar(x,y,label = "柱形图")
>>>plt.legend()
```

折线图和柱形图的图例如下图所示。

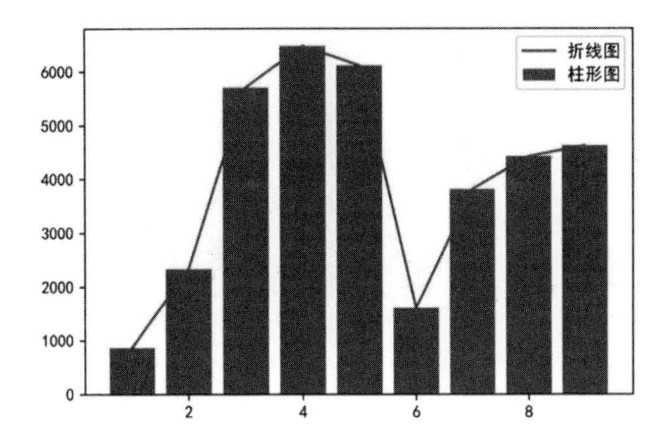

还可以通过修改 loc 参数的参数值来调整图例的显示位置，loc 参数的参数值及说明如下表所示。

字符串	位置代码	说　明
best	0	根据图表区域自动选择最合适的展示位置
upper right	1	图例显示在右上角
upper left	2	图例显示在左上角
lower left	3	图例显示在左下角
lower right	4	图例显示在右下角
right	5	图例显示在右侧
center left	6	图例显示在左侧中心位置
center right	7	图例显示在右侧中心位置
lower center	8	图例显示在底部中心位置
upper center	9	图例显示在顶部中心位置
center	10	图例显示在正中心位置

在具体设置图例位置时，既可以给参数 loc 传入字符串，也可以给参数 loc 传入位置代码，下面两行代码表达的意思是一样的，都是让图例显示在左上角位置：

```
>>>plt.legend(loc = "upper left")
>>>plt.legend(loc = 2)
```

运行结果如下图所示。

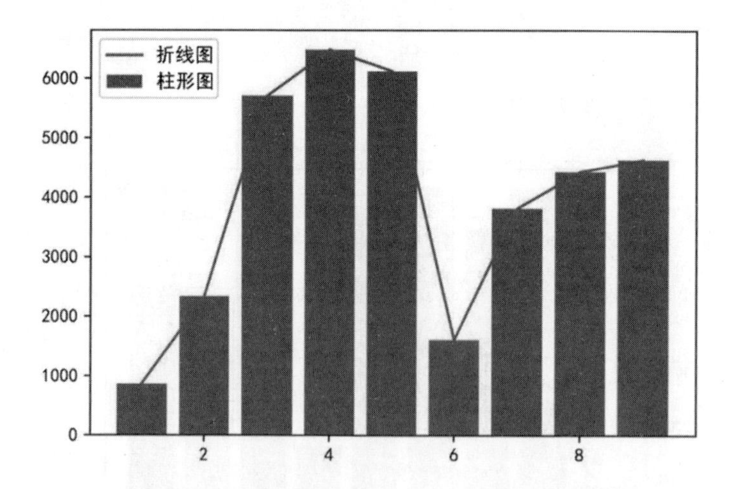

图例的显示默认是 1 列，可以通过参数 ncol 设置显示列数。

```
>>>plt.plot(x,y,label = "折线图")
>>>plt.bar(x,y,label = "柱形图")
```

```
>>>plt.legend(ncol = 2)
```

运行结果如下图所示。

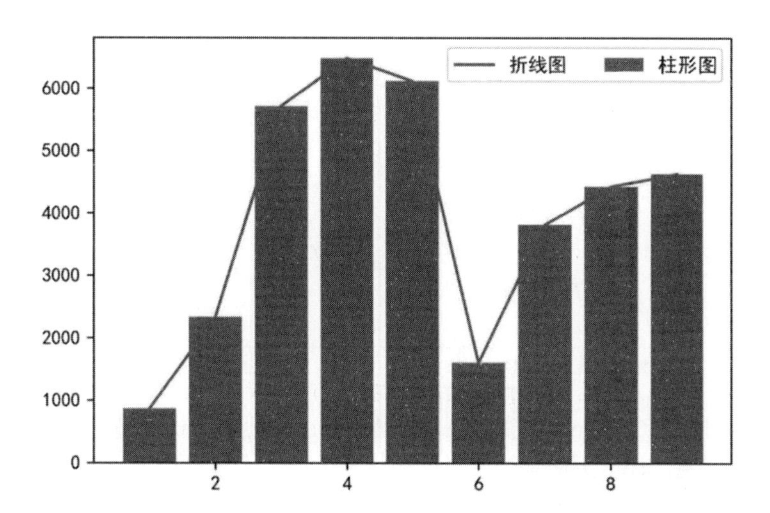

除了上面几个常用参数，还有一些参数可以设置，参数及说明如下表所示。

参　　数	说　　明
fontsize	图例字号大小
prop	关于文本的相关设置，以字典形式传给参数 prop
facecolor	图例框的背景颜色
edgecolor	图例框的边框颜色
title	图例标题
title_fontsize	图例标题的大小
shadow	是否给图例框添加阴影，默认为 False

13.7.3 图表标题设置

图表的标题是用来说明整个图表的核心思想的，主要通过如下方式给图表设置标题：

```
>>>plt.title(label= "1—9 月 XXX 公司注册用户数")
```

运行结果如下图所示。

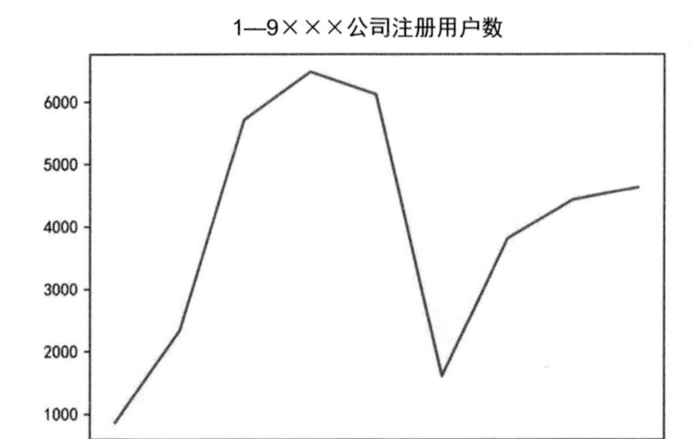

还可以通过修改参数 loc 的值来修改标题的显示位置，默认都是居中显示的，loc 参数值有三个可选，如下表所示。

字符串	说　　明
center	居中显示
left	靠左显示
right	靠右显示

图表标题靠左显示，代码如下所示。

```
#图表标题靠左显示
>>>plt.title(label= "1—9 月 XXX 公司注册用户数",loc = "left")
```

运行结果如下图所示。

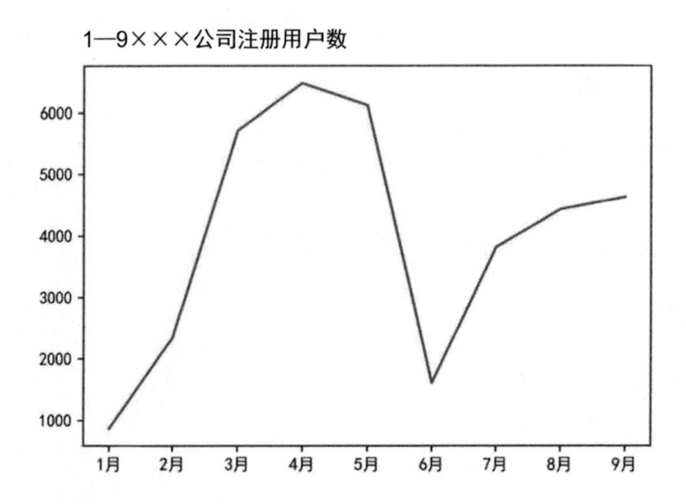

还可以通过 fontdict 参数对标题文字的相关性质进行设置。

13.7.4 设置数据标签

数据标签实现就是根据坐标值在对应位置显示相应的数值，可以利用 text 函数实现，代码如下所示。

```
plt.text(x,y,str,ha,va,fontsize)
```

text 函数中的参数及说明如下表所示。

参　数	说　明
参数(x,y)	分别表示要在哪里显示数值
str	表示要显示的具体数值
horizontalalignment	简称 ha，表示 str 在水平方向的位置，有 center、left、right 三个值可选
verticalalignment	简称 va，表示 str 在垂直方向的位置，有 center、top、bottom 三个值可选
fontsize	设置 str 字体的大小

设置数据标签示例如下：

```
#在(5,1605)处显示该点的 y 值
>>>plt.text(5,1605,1605)
```

结果如下图所示。

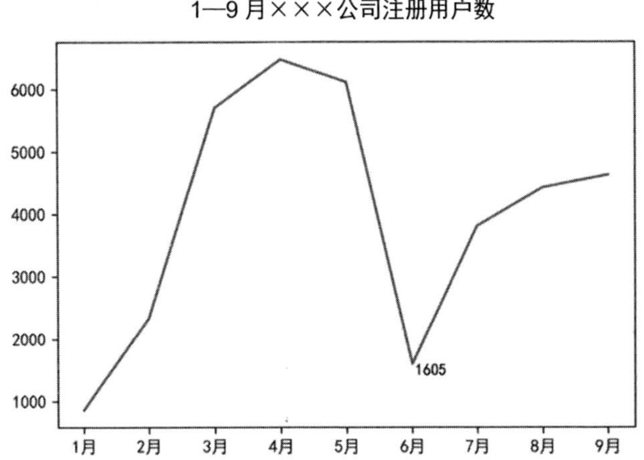

plt.text 函数只是针对坐标轴中的具体某一点(x,y)显示数值 str，要想对整个图表显示数据标签，需要利用 for 进行遍历，示例如下：

```
#在(x,y)处显示 y 值
>>>for a,b in zip(x,y):
```

```
    plt.text(a,b,b,ha ='center', va ="bottom",fontsize=11))
```

运行结果如下图所示。

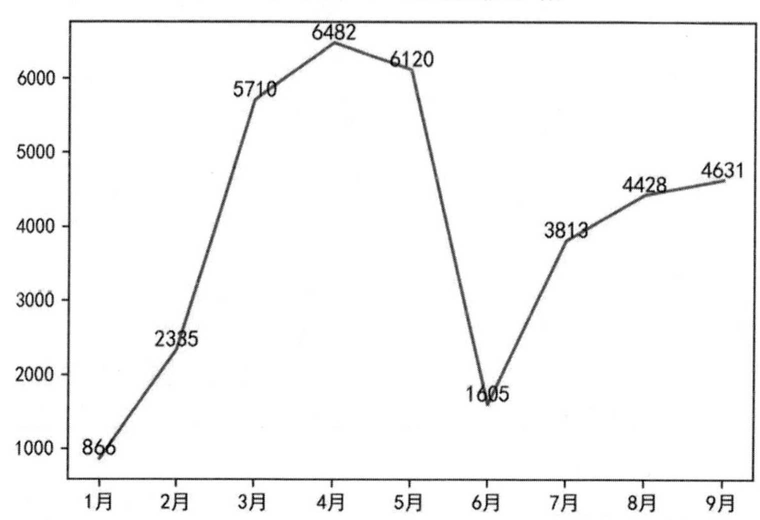

13.7.5 图表注释

图表注释与数据标签的作用类似，都是便于看图者更快地获取图表信息，实现方法如下：

```
plt.annotate(s,xy,xytext,arrowprops)
```

plt.annotate 函数中的参数及说明，如下表所示。

参　数	说　明
s	表示要注释的文本内容
xy	表示要注释的位置
xytext	表示要注释的文本的显示位置
arrowprops	设置箭相关参数，颜色、箭类型设置

图表注释示例如下：

```
>>>plt.annotate("服务器宕机了",
                xy = (5,1605), xytext = (6,1605),
                arrowprops=dict(facecolor='black',arrowstyle = '->'))
```

运行结果如下图所示。

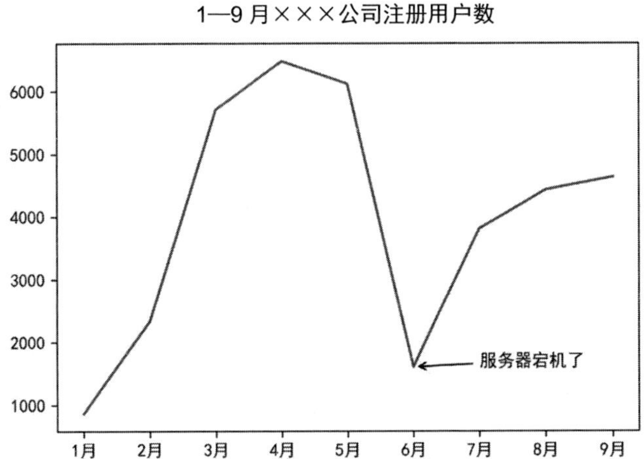

facecolor 表示箭的颜色，arrowstyle 表示箭的类型，主要有如下几种：

```
#箭的类型
'-'
'->'
'-['
'
'-
'<-'
'<->'
'<
'fancy'
'simple'
'wedge'
```

13.7.6 数据表

数据表就是在图表基础上再添加一个表格，使用的是 plt 库中的 table 函数。

```
table(cellText=None,cellColours=None,
     cellLoc='right',colWidths=None,
     rowLabels=None, rowColours=None, rowLoc='left',
     colLabels=None, colColours=None, colLoc='center',
     loc='bottom')
```

table 函数中的参数及说明如下表所示。

参　数	说　明
cellText	数据表内的值
cellColours	数据表的颜色

续表

参　数	说　明
cellLoc	数据表中数值的位置，可选 left、right、center
colWidths	列宽
rowLabels	行标签
rowColours	行标签的颜色
rowLoc	行标签的位置
colLabels	列标签
colColours	列标签的颜色
colLoc	列标签的位置
loc	整个数据表的位置，可选坐标系的上、下、左、右

table 函数中的参数的使用示例如下所示。

```
>>>cellText = [[ 8566, 5335, 7310, 6482],
               [4283,2667,3655,3241]]
>>>rows = ["任务量","完成量"]
>>>columns = ["东区","南区","西区","北区"]
>>>plt.table(cellText = cellText,
             cellLoc='center',
             rowLabels=rows,
             rowColours = ["red","yellow"],
             rowLoc = "center",
             colLabels=columns,
             colColours = ["red","yellow","red","yellow"],
             colLoc='left',
             loc='bottom')
```

运行结果如下图所示。

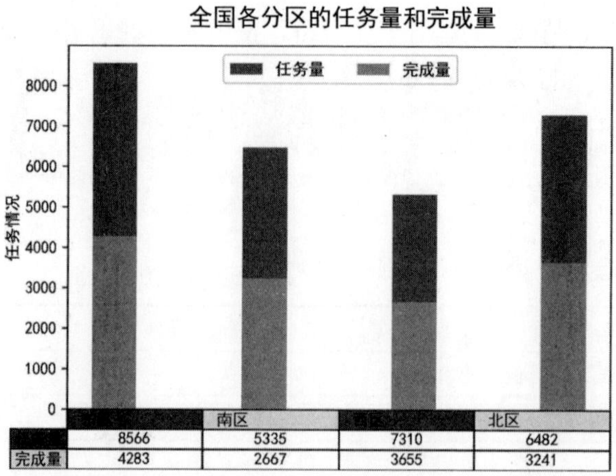

13.8 绘制常用图表

13.8.1 绘制折线图

折线图常用于表示随着时间的推移某指标的变化趋势，使用的是 plt 库中的 plot 方法。

参数详解

plot 方法的具体参数如下：

```
plt.plot(x,y,color,linestyle,linewidth,marker,markeredgecolor,
        markeredgwidth,markerfacecolor,markersize,label)
```

其中，参数 x、y 分别表示 x 轴和 y 轴的数据；color 表示折线图的颜色，主要参数值如下表所示。

代　码	颜　色
b	蓝色
g	绿色
r	红色
c	青色
m	品红
y	黄色
k	黑色
w	白色

上面的颜色参数值是颜色缩写代码，color 参数值除了用颜色缩写代码表示，还可以用标准颜色名称、十六进制颜色值、RGB 元组等方式表示，比如黑色用不同方式表示如下表所示。

表示方式	具体值
颜色缩写代码	k
标准颜色名称	black
十六进制颜色值	#000000
RGB 元组	0,0,0

这些颜色参数值在其他图表中是通用的。

linestyle 表示线的风格，主要参数值如下表所示。

代　　码	线　　形
solid	实线（-）
dashed	短线（--）
dashdot	线点相接（-.）
dotted	虚点线（⋯）

linewidth 表示线的宽度，传入一个表示宽度的浮点数即可。

marker 表示折线图中每点的标记物的形状，主要参数值如下表所示。

代　　码	说　　明
.	点标记
'o	圆圈标记
v	下三角形标记
^	上三角形标记
<	左三角形标记
>	右三角形标记
s	正方形标记
p	五边形标记
*	五角星标记
h	六边形标记
+	+号标记
x	x 标记
D	大菱形标记
d	小菱形标记
_	横线标记

marker 相关的参数及说明如下表所示。

参　　数	说　　明
markeredgecolor	表示标记外边颜色
markeredgewidth	表示标记外边线宽
markerfacecolor	表示标记实心颜色
markersize	表示标记大小
label	表示该图的图例名称

注：以上代码中的参数除 x、y 为必选项，其他参数均为可选项。

实例

绘制×××公司 1—9 月注册用户量的图表，代码如下所示。

```
#建立一个坐标系
>>>plt.subplot(1,1,1)

#指明 x 和 y 值
>>>x = np.array([1, 2, 3, 4, 5, 6, 7, 8, 9])
>>>y = np.array([ 866, 2335, 5710, 6482, 6120, 1605, 3813, 4428, 4631])

#绘图
>>>plt.plot(x,y,color="k",linestyle="dashdot",
            linewidth=1,marker="o",markersize=5,label="注册用户数")

#设置标题
#标题名及标题的位置
>>>plt.title("XXX 公司 1—9 月注册用户量",loc="center")

#添加数据标签
>>>for a,b in zip(x,y):
      plt.text(a,b,b,ha='center', va= "bottom",fontsize=10)

>>>plt.grid(True)#设置网格线

>>>plt.legend()#设置图例，调用显示出 plot 中的 label 值

#保存图表到本地
>>>plt.savefig("C:/Users/zhangjunhong/Desktop/plot.jpg")
```

运行结果如下图所示。

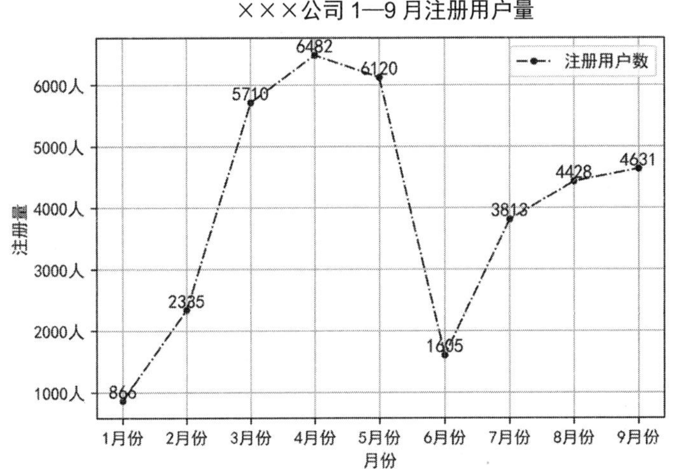

13.8.2 绘制柱形图

柱形图常用于比较不同类别之间的数据情况，使用的是 plt 库中的 bar 方法。

参数详解

bar 方法的实现如下所示。

```
plt.bar(x, height, width=0.8, bottom=None, align='center',color,
edgecolor)
```

bar 方法的参数及说明如下表所示。

参　数	说　明
x	表示在什么位置显示柱形图
height	表示每根柱子的高度
width	表示每根柱子的宽度，每根柱子的宽度可以都一样，也可以各不相同
bottom	表示每根柱子的底部位置，每根柱子的底部位置可以都一样，也可以各不相同
align	表示柱子的位置与 x 值的关系，有 center、edge 两个参数可选，center 表示柱子位于 x 值的中心位置，edge 表示柱子位于 x 值的边缘位置
color	柱子颜色
edgecolor	表示柱子边缘的颜色

普通柱形图实例

绘制一张全国各分区任务量的普通柱形图，代码如下所示。

```
#建立一个坐标系
>>>plt.subplot(1,1,1)

#指明 x 和 y 值
>>>x = np.array(["东区","北区","南区","西区"])
>>>y = np.array([ 8566, 6482, 5335, 7310])

#绘图
>>>plt.bar(x,y,width=0.5,align="center",label="任务量")

#设置标题
>>>plt.title("全国各分区任务量",loc="center")

#添加数据标签
>>>for a,b in zip(x,y):
       plt.text(a,b,b,ha='center', va= "bottom",fontsize=12)

#设置 x 轴和 y 轴的名称
>>>plt.xlabel('分区')
```

```
>>>plt.ylabel('任务量')

>>>plt.legend()#显示图例

#保存图表到本地
>>>plt.savefig("C:/Users/zhangjunhong/Desktop/bar.jpg")
```

保存的图表如下图所示。

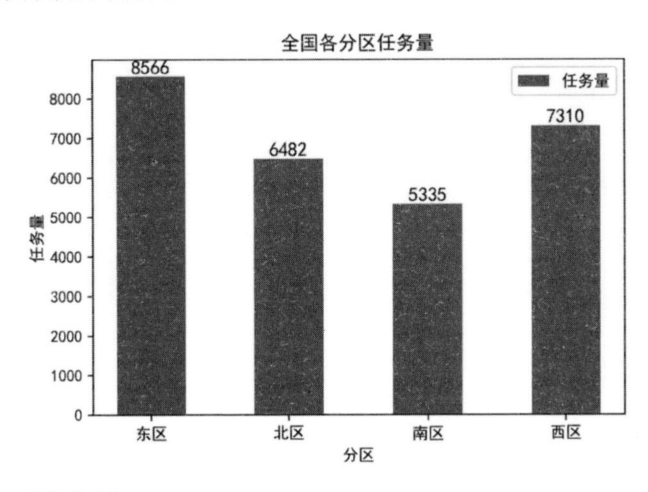

簇状柱形图实例

簇状柱形图常用来表示不同类别随着同一变量的变化情况，使用的同样是 plt 库中的 bar 方法，只不过需要调整柱子的显示位置。

绘制全国各分区任务量和完成量的簇状柱形图，代码如下所示。

```
#建立一个坐标系
>>>plt.subplot(1,1,1)

#指明 x 和 y 值
>>>x = np.array([1,2,3,4])
>>>y1 = np.array([8566,5335,7310,6482])
>>>y2 = np.array([4283,2667,3655,3241])

#绘图
>>>plt.bar(x,y1,width=0.3,label="任务量")#柱形图的宽度为 0.3
>>>plt.bar(x+0.3,y2,width=0.3,label="完成量")#x+0.3 相当于把完成量的每个柱子右移 0.3

#设置标题
>>>plt.title("全国各分区任务量和完成量",loc="center")#标题名及标题的位置

#添加数据标签
>>>for a,b in zip(x,y1):
```

```
    plt.text(a,b,b,ha='center', va= "bottom",fontsize=12)

>>>for a,b in zip(x+0.3,y2):
    plt.text(a,b,b,ha='center', va= "bottom",fontsize=12)

#设置 x 轴和 y 轴的名称
>>>plt.xlabel('区域')
>>>plt.ylabel('任务情况')

#设置 x 轴刻度值
>>>plt.xticks(x+0.15,["东区","南区","西区","北区"])

>>>plt.grid(False)#设置网格线

>>>plt.legend()#图例设置

#保存图表到本地
>>>plt.savefig("C:/Users/zhangjunhong/Desktop/bar.jpg")
```

保存的图表如下图所示。

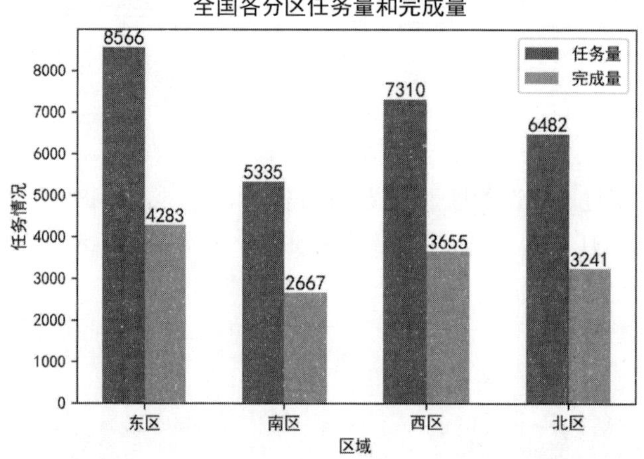

堆积柱形图实例

堆积柱形图常用来比较同类别各变量和不同类别变量的总和差异，使用的同样是 plt 库中的 bar 方法，只要在相同的 x 位置绘制不同的 y，y 就会自动叠加。

绘制全国各分区任务量和完成量的堆积柱形图，代码如下所示。

```
#建立一个坐标系
>>>plt.subplot(1,1,1)

#指明 x 和 y 值
>>>x = np.array(["东区","北区","南区","西区"])
```

```
>>>y1 = np.array([8566,6482,5335,7310])
>>>y2 = np.array([4283,3241,2667,3655])

#绘图
#柱形图的宽度为 0.3
>>>plt.bar(x,y1,width=0.3,label="任务量")
>>>plt.bar(x,y2,width=0.3,label="完成量")

#设置标题
>>>plt.title("全国各分区任务量和完成量",loc="center")#标题名及标题的位置

#添加数据标签
>>>for a,b in zip(x,y1):
      plt.text(a,b,b,ha='center', va= "bottom",fontsize=12)

>>>for a,b in zip(x,y2):
      plt.text(a,b,b,ha='center', va= "top",fontsize=12)

#设置 x 轴和 y 轴的名称
>>>plt.xlabel('区域')
>>>plt.ylabel('任务情况')

>>>plt.grid(False)#设置网格线

#图例设置
>>>plt.legend(loc = "upper center",ncol = 2)

#保存图表到本地
>>>plt.savefig("C:/Users/zhangjunhong/Desktop/bar.jpg")
```

保存的图表如下图所示。

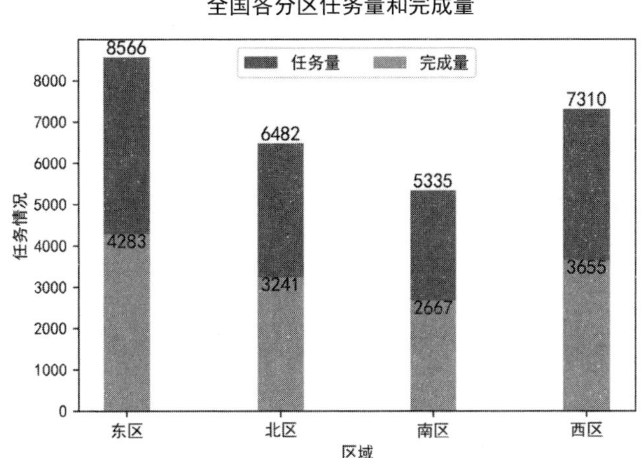

13.8.3 绘制条形图

条形图与柱形图类似，只不过是将柱形图的 x 轴和 y 轴进行了调换，纵向柱形图变成了横向柱形图，使用的是 plt 库中的 barh 方法。

参数详解

barh 方法如下所示。

```
plt.barh(y,width,height,align,color,edgecolor)
```

barh 方法的参数及说明如下表所示。

参　数	说　明
y	表示在什么位置显示柱子，即纵坐标
width	表示柱子在横向的宽度，即横坐标
height	表示柱子在纵向的高度，即柱子的实际宽度
align	表示柱子的对齐方式
color	表示柱子的颜色
edgecolor	表示柱子边缘的颜色

实例

绘制全国各分区任务量的条形图，代码如下所示。

```
#建立一个坐标系
>>>plt.subplot(1,1,1)

#指明 x 和 y 值
>>>x = np.array(["东区","北区","南区","西区"])
>>>y = np.array([ 8566, 6482, 5335, 7310])

#绘图
#width 指明条形图的宽度，align 指明条形图的位置，还可以选 edge，默认是 center
>>>plt.barh(x,height=0.5,width=y,align="center")

#设置标题
>>>plt.title("全国各分区任务量",loc="center")

#添加数据标签
>>>for a,b in zip(x,y):
      plt.text(b,a,b,ha='center', va= "center",fontsize=12)

#设置 x 轴和 y 轴的名称
>>>plt.ylabel('区域')
>>>plt.xlabel('任务量')
```

```
>>>plt.grid(False)#设置网格线

#保存图表到本地
>>>plt.savefig("C:/Users/zhangjunhong/Desktop/barh.jpg")
```

保存的图表如下所示。

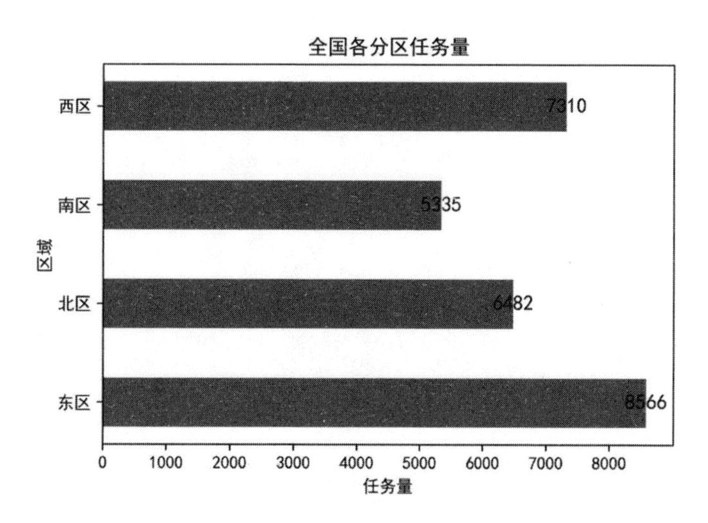

13.8.4 绘制散点图

散点图常用来发现各变量之间的相关关系，使用的是 plt 库中的 scatter 方法。

参数详解

scatter 方法如下所示。

```
>>>plt.scatter(x,y,s,c,marker,linewidths,edgecolors)
```

scatter 方法的参数及说明如下表所示。

参　　数	说　　明
(x,y)	表示散点的位置
s	表示每个点的面积，即散点的大小。如果只有一个具体值时，则所有点的大小都一样。也可以呈现多个值，让每个点的大小都不一样，这个时候就成了气泡图
c	表示每个点的颜色，如果只有一种颜色时，则所有点的颜色都相同，也可以呈现多个颜色值，让不同点的颜色不同
marker	表示每个点的标记，和折线图中的 marker 一致
linewidths	表示每个散点的线宽
edgecolors	表示每个散点外轮廓的颜色

实例

绘制 1—8 月平均气温与啤酒销量关系的散点图，代码如下所示。

```
#建立一个坐标系
>>>plt.subplot(1,1,1)

#指明 x 和 y 值
>>>x = [5.5,6.6,8.1,15.8,19.5,22.4,28.3,28.9]
>>>y = [2.38,3.85,4.41,5.67,5.44,6.03,8.15,6.87]

#绘图
>>>plt.scatter(x,y,marker="o",s=100)

#设置标题
>>>plt.title("1—8 月平均气温与啤酒销量关系图",loc="center")

#设置 x 轴和 y 轴名称
>>>plt.xlabel('平均气温')
>>>plt.ylabel('啤酒销量')

>>>plt.grid(False)#设置网格线

#保存图表到本地
>>>plt.savefig("C:/Users/zhangjunhong/Desktop/scatter.jpg")
```

保存的图表如下图所示。

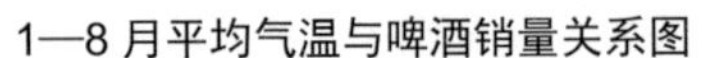

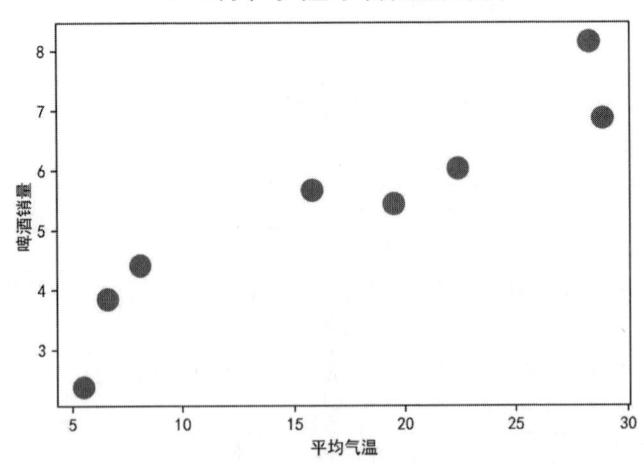

13.8.5 绘制气泡图

气泡图与散点图类似，散点图中各点的大小一致，气泡图中各点的大小不一致，使用的方法同样是 plt 库中的 scatter 方法，只需要让不同点的大小不一样即可。

参数详解

气泡图中的参数与散点图中的参数完全一致，故此处不再赘述。

实例

绘 1—8 月平均气温与啤酒销量关系的气泡图，代码如下所示。

```
#建立一个坐标系
>>>plt.subplot(1,1,1)

#指明 x 和 y 值
>>>x = np.array([5.5,6.6,8.1,15.8,19.5,22.4,28.3,28.9])
>>>y = np.array([2.38,3.85,4.41,5.67,5.44,6.03,8.15,6.87])

#绘图
>>>colors = y*10#根据 y 值的大小生成不同的颜色
>>>area = y*100#根据 y 值的大小生成大小不同的形状

>>>plt.scatter(x,y,c = colors,marker = "o",s = area)

#设置标题
>>>plt.title("1—8 月平均气温与啤酒销量关系图",loc="center")

#添加数据标签
>>>for a,b in zip(x,y):
     plt.text(a,b,b,ha='center', va= "center",fontsize=10,color =
"white")

#设置 x 轴和 y 轴的名称
>>>plt.xlabel('平均气温')
>>>plt.ylabel('啤酒销量')

>>>plt.grid(False)#设置网格线

#保存图表到本地
>>>plt.savefig("C:/Users/zhangjunhong/Desktop/scatter.jpg")
```

保存的图表如下图所示。

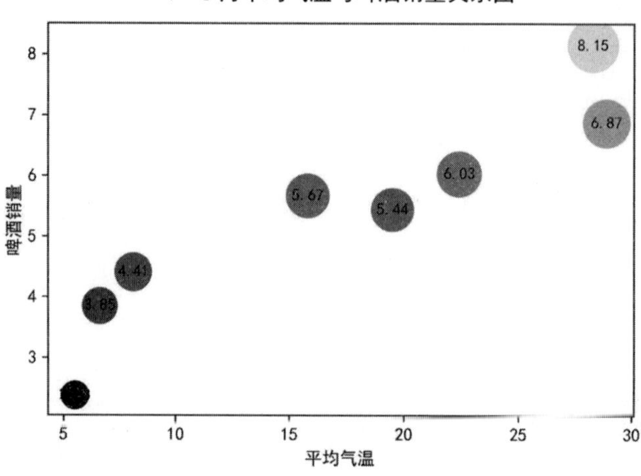

13.8.6 绘制面积图

面积图是与折线图类似的一种图形，使用的是 plt 库中的 stackplot 方法。

参数详解

stackplot 方法如下所示。

```
plt.stackplot(x,y,labels,colors)
```

stackplot 方法的参数及说明如下表所示。

参　　数	说　　明
(x,y)	x/y 坐标数值
labels	不同系列图表的图例名
colors	不同系列图表的颜色

实例

绘制×××公司 1—9 月注册与激活人数的面积图，代码如下所示。

```
#建立一个坐标系
>>>plt.subplot(1,1,1)

#指明 x 和 y 的值
>>>x = np.array([1, 2, 3, 4, 5, 6, 7, 8, 9])
>>>y1 = np.array([ 866, 2335, 5710, 6482, 6120, 1605, 3813, 4428, 4631])
>>>y2 =np.array([ 433, 1167, 2855, 3241, 3060,  802, 1906, 2214, 2315])

#绘图
>>>labels = ["注册人数 ", "激活人数"] #指明系列标签
```

```
>>>plt.stackplot(x,y1,y2,labels=labels)

#设置标题
>>>plt.title("XXX 公司 1—9 月注册与激活人数",loc="center")

#设置 x 轴和 y 轴名称
>>>plt.xlabel('月份')
>>>plt.ylabel('注册与激活人数')

>>>plt.grid(False)#设置网格线

>>>plt.legend()

#保存图表到本地
>>>plt.savefig("C:/Users/zhangjunhong/Desktop/stackplot.jpg")
```

保存的图表如下图所示。

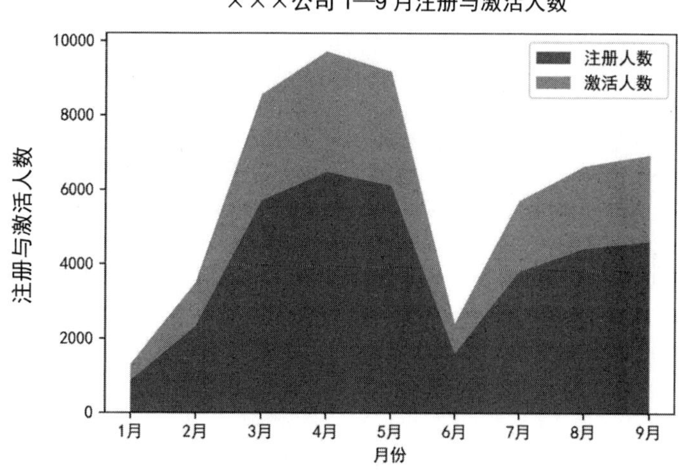

13.8.7 绘制树地图

树地图常用来表示同一等级中不同类别的占比关系，使用的是 squarify 库，在使用这个库以前先安装一下，安装方法是 pip install squarify。

参数详解

plot 方法如下所示。

```
squarify.plot(sizes,label,color,value,edgecolor,linewidth)
```

plot 方法的参数及说明如下表所示。

参　　数	说　　明
sizes	待绘图数据
label	不同类别的图例标签
color	不同类别的颜色
value	不同类别的数据标签
edgecolor	不同类别之间边框的颜色
linewidth	边框线宽

实例

绘制菊粉星座分布的树地图，代码如下所示。

```
>>>import squarify

#指定每一块的大小
>>>size = np.array([3.4,0.693,0.585,0.570,0.562,0.531,
                   0.530,0.524,0.501,0.478,0.468,0.436])

#指定每一块的文字标签
>>>xingzuo = np.array(["未知","摩羯座","天秤座","双鱼座","天蝎座","金牛
座","处女座","双子座","射手座","狮子座","水瓶座","白羊座"])

#指定每一块的数值标签
>>>rate = np.array(["34%","6.93%","5.85%","5.70%","5.62%","5.31%",
                 "5.30%","5.24%","5.01%","4.78%","4.68%","4.36%"])

#指定每一块的颜色
>>>colors = ['steelblue','#9999ff','red','indianred',
             'green','yellow','orange']

#绘图
>>>plot = squarify.plot(sizes = size,
                 label = xingzuo,
                 color = colors,
                 value = rate,
                 edgecolor = 'white',
                 linewidth =3
                )

# 设置标题大小
>>>plt.title('菊粉星座分布',fontdict = {'fontsize':12})

# 去除坐标轴
>>>plt.axis('off')

# 去除上边框和右边框的刻度
>>>plt.tick_params(top = 'off', right = 'off')
```

```
#保存图表到本地
>>>plt.savefig("C:/Users/zhangjunhong/Desktop/squarify.jpg")
```

树地图的显示效果如下所示。

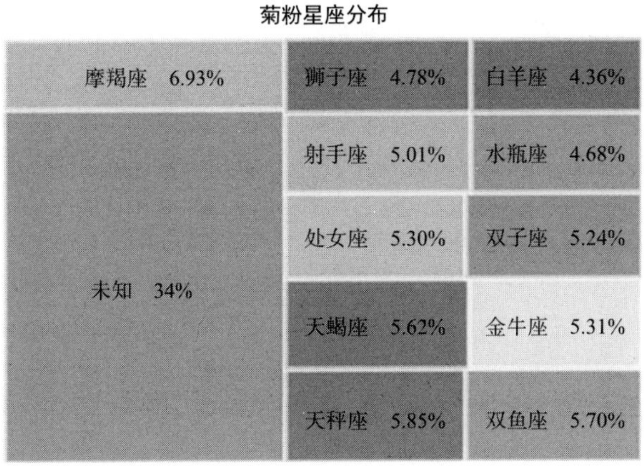

13.8.8 绘制雷达图

雷达图常用来综合评价某一事物，它可以直观地看出该事物的优势与不足。雷达图使用的是 plt 库中的 polar 方法，polar 是用来建立极坐标系的，其实雷达图就是先将各点展示在极坐标系中，然后用线将各点连接起来。

参数详解

polar 方法如下所示。

```
plt.polar(theta,r,color,marker,linewidth)
```

polar 方法的参数及说明如下表所示。

参　数	说　明
theta	每一点在极坐标系中的角度
r	每一点在极坐标系中的半径
color	连接各点之间线的颜色
marker	每点的标记物
linewidth	连接线的宽度

实例

绘制某数据分析师的综合评级的雷达图，代码如下所示。

```
#建立坐标系
>>>plt.subplot(111,polar = True)#参数 polar 等于 True 表示建立一个极坐标系

>>>dataLenth = 5#把整个圆均分成 5 份
#np.linspace 表示在指定的间隔内返回均匀间隔的数字
>>>angles = np.linspace(0,2*np.pi,dataLenth,endpoint=False)
>>>labels = ['沟通能力','业务理解能力','逻辑思维能力',
            '快速学习能力','工具使用能力']
>>>data = [2,3.5,4,4.5,5]

>>>data = np.concatenate((data, [data[0]])) # 闭合
>>>angles = np.concatenate((angles, [angles[0]])) # 闭合

#绘图
>>>plt.polar(angles,data,color = "r",marker = "o")

#设置 x 轴刻度
>>>plt.xticks(angles,labels)

#设置标题
>>>plt.title(label = "某数据分析师的综合评级")

#保存图表到本地
>>>plt.savefig("C:/Users/zhangjunhong/Desktop/polarplot.jpg")
```

雷达图的显示效果如下所示。

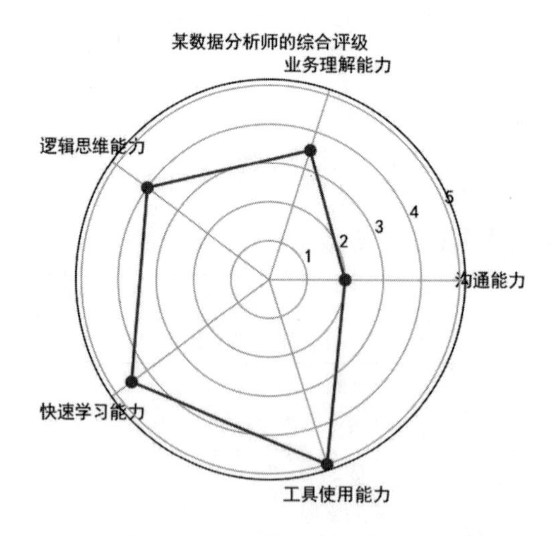

13.8.9 绘制箱形图

箱形图用来反映一组数据离散情况，它使用的是 plt 库中的 boxplot 方法。

参数详解

boxplot 方法如下所示。

```
plt.boxplot(x,vert,widths,labels)
```

boxplot 方法的参数及说明如下表所示。

参　数	说　明
x	待绘图源数据
vert	箱形图方向，如果为 True 则表示纵向；如果为 False 则表示横向；默认为 True
widths	箱形图的宽度
labels	箱形图的标签

实例

绘制×××公司 1—9 月注册与激活人数的箱形图，代码如下所示。

```
#建立一个坐标系
>>>plt.subplot(1,1,1)

#指明 x 值
>>>y1 = np.array([ 866, 2335, 5710, 6482, 6120, 1605, 3813, 4428, 4631])
>>>y2 = np.array([ 433, 1167, 2855, 3241, 3060, 802, 1906, 2214, 2315])
>>>x = [y1,y2]

#绘图
>>>labels=["注册人数","激活人数"]
>>>plt.boxplot(x,labels=labels,vert=True,widths = [0.2,0.5])

#设置标题
>>>plt.title("XXX 公司 1—9 月注册与激活人数",loc="center")

>>>plt.grid(False)#设置网格线

#保存图表到本地
>>>plt.savefig("C:/Users/zhangjunhong/Desktop/boxplot.jpg")
```

箱形图的显示效果如下图所示。

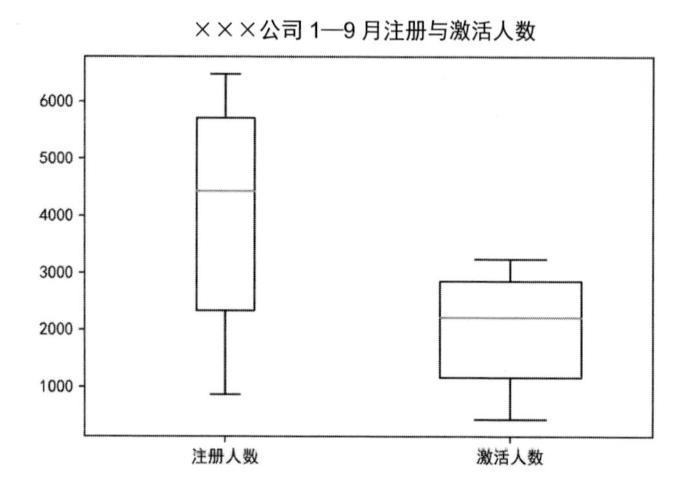

注：上面代码中的 x 和 labels 也可以只有一个。

13.8.10 绘制饼图

饼图也常用来表示同一等级中不同类别的占比情况，使用的方法是 plt 库中的 pie 方法。

参数详解

pie 方法如下所示。

```
plt.pie(x,explode,labels,colors,autopct,pctdistance,shadow,
        labeldistance,startangle,radius,counterclock,wedgeprops,
        textprops,center,frame)
```

pie 方法的参数及说明如下表所示。

参　　数	说　　明
x	待绘图数据
explode	饼图中每一块离圆心的距离
labels	饼图中每一块的标签
colors	饼图中每一块的颜色
autopct	控制饼图内数值的百分比格式
pctdistance	数据标签距中心的距离
shadow	饼图是否有阴影
labeldistance	每一块索引距离中心的距离
startangle	饼图的初始角度

续表

参　数	说　明
radius	饼图的半径
counterclock	是否让饼图逆时针显示
wedgeprops	饼图内外边界属性
textprops	饼图中文本相关属性
center	饼图中心位置
frame	是否显示饼图背后的图框

实例

绘制全国各区域任务量占比的饼图，代码如下所示。

```
#建立一个坐标系
>>>plt.subplot(1,1,1)

#指明 x 值
>>>x = np.array([ 8566, 5335, 7310, 6482])

>>>labels=["东区","北区","南区","西区"]
>>>explode=[0.05,0,0,0]#让第一块离圆心远一点
>>>labeldistance=1.1
>>>plt.pie(x,labels=labels,autopct='%.0f%%',shadow=True,
           explode=explode,radius=1.0,labeldistance=labeldistance)

#设置标题
>>>plt.title("全国各区域任务量占比",loc="center")

#保存图表到本地
>>>plt.savefig("C:/Users/zhangjunhong/Desktop/pie.jpg")
```

饼图的显示效果如下图所示。

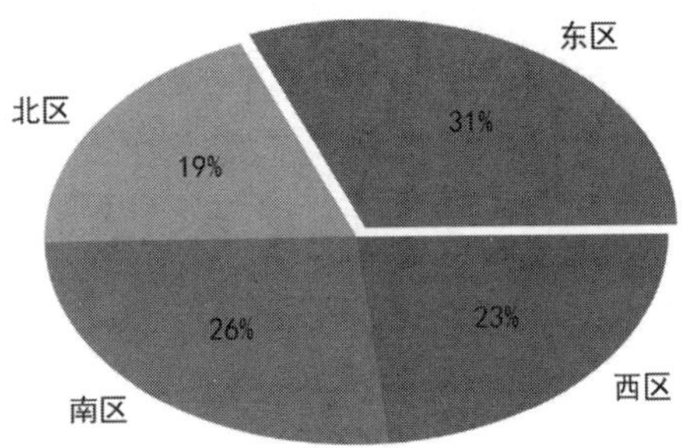

13.8.11 绘制圆环图

圆环图是与饼图类似的一种图表，常用来表示同一层级不同类别之间的占比关系，使用的也是 plt 库中的 pie 方法。

参数详解

圆环图的参数与饼图的参数完全一致。

实例

在饼图的基础上调整 wedgeprops 参数即可实现圆环图。

```
#建立坐标系
>>>plt.subplot(1,1,1)

#指明 x 值
>>>x1 = np.array([ 8566, 5335, 7310, 6482])
>>>x2 = np.array([4283,2667,3655,3241])

#绘图
>>>labels = ["东区","北区","南区","西区"]
>>>plt.pie(x1,labels=labels,radius=1.0,
           wedgeprops=dict(width=0.3, edgecolor='w'))
>>>plt.pie(x2,radius=0.7,wedgeprops=dict(width=0.3, edgecolor='w'))

#添加注释
>>>plt.annotate("完成量",
           xy = (0.35,0.35),xytext = (0.7,0.45),
           arrowprops=dict(facecolor='black',arrowstyle = '->'))
>>>plt.annotate("任务量",
           xy = (0.75,0.20),xytext = (1.1,0.2),
           arrowprops=dict(facecolor='black',arrowstyle = '->'))

#设置标题
#标题名及标题的位置
>>>plt.title("全国各区域任务量与完成量占比",loc="center")

#保存图表到本地
>>>plt.savefig("C:/Users/zhangjunhong/Desktop/pie.jpg")
```

圆环图的显示效果如下图所示。

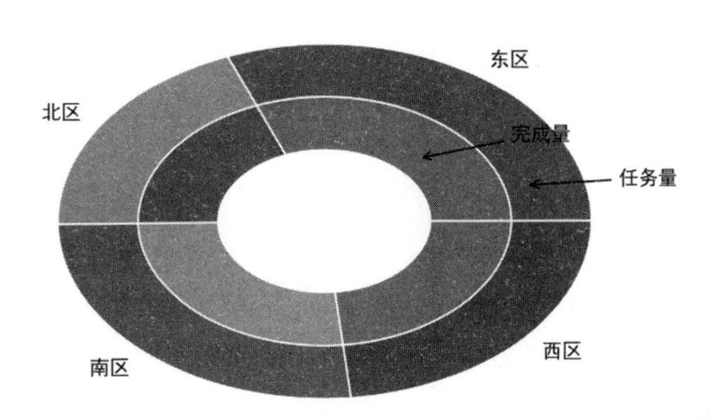

13.8.12 绘制热力图

热力图是将某一事物的响应度反映在图表上，可以快速发现需重点关注的区域，使用的是 plt 库中的 imshow 方法。

参数详解

imshow 方法如下所示。

```
plt.imshow(x,cmap)
```

imshow 方法的参数及说明如下表所示。

参　　数	说　　明
x	表示待绘图的数据，需要是矩阵形式
cmap	配色方案，用来表明图表渐变的主题色

cmap 的所有可选值都封装在 plt.cm 里，在 Jupyter Notebook 中输入 plt.cm.然后按 Tab 键就可以看到，如下图所示。

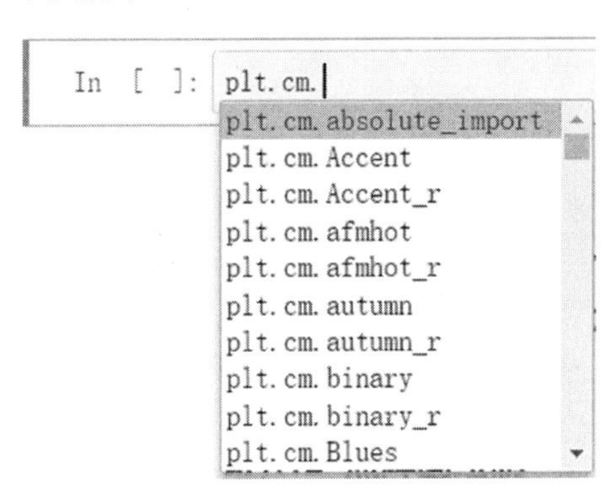

实例

热力图的代码实现如下所示。

```
>>>import itertools
#几个相关指标之间的相关性
>>>cm = np.array([[1,0.082,0.031,-0.0086],
                [0.082,1,-0.09,0.062],
                [0.031,-0.09,1,0.026],
                [-0.0086,0.062,0.026,1]])

>>>cmap=plt.cm.cool#设置配色方案
>>>plt.imshow(cm,cmap = cmap)
>>>plt.colorbar()#显示右边的颜色条

#设置 x 轴和 y 轴的刻度标签
>>>classes=["负债率","信贷数量","年龄","家属数量"]
>>>tick_marks = np.arange(len(classes))
>>>plt.xticks(tick_marks,classes)
>>>plt.yticks(tick_marks,classes)


#将数值显示在指定位置
>>>for i, j in itertools.product(range(cm.shape[0]),
range(cm.shape[1])):
      plt.text(j, i,cm[i, j],horizontalalignment="center")

>>>plt.grid(False)#设置网格线

#保存图表到本地
>>>plt.savefig("C:/Users/zhangjunhong/Desktop/imshow.jpg")
```

热力图的显示效果如下图所示。

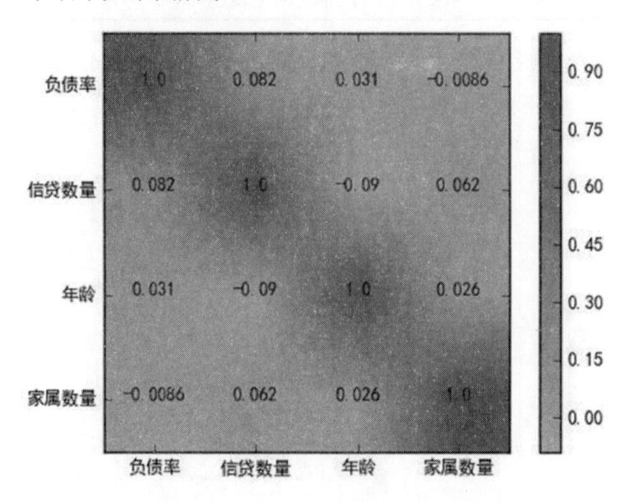

13.8.13 绘制水平线和垂直线

水平线和垂直线主要用来做对比参考，它们使用的是 plt 库中的 axhline 和 axvline 方法。

参数详解

axhline 和 axvline 方法如下所示。

```
plt.axhline(y,xmin,xmax)
plt.axvline(x,ymin,ymax)
```

二者的参数及说明如下表所示。

参　　数	说　　明
y/x	画水平/垂直线时的横/纵坐标
xmin/xmax	水平线的起点和终点
ymin/ymax	垂直线的起点和终点

实例

绘制水平线和垂线的例子如下所示。

```
#建立坐标系
>>>plt.subplot(1,2,1)

#绘制一条 y 等于 2 且起点是 0.2，终点是 0.6 的水平线
>>>plt.axhline(y = 2,xmin = 0.2,xmax = 0.6)

>>>plt.subplot(1,2,2)

#绘制一条 x 等于 2 且起点是 0.2，终点是 0.6 的垂直线
>>>plt.axvline(x = 2,ymin = 0.2,ymax = 0.6)
```

代码运行效果如下图所示。

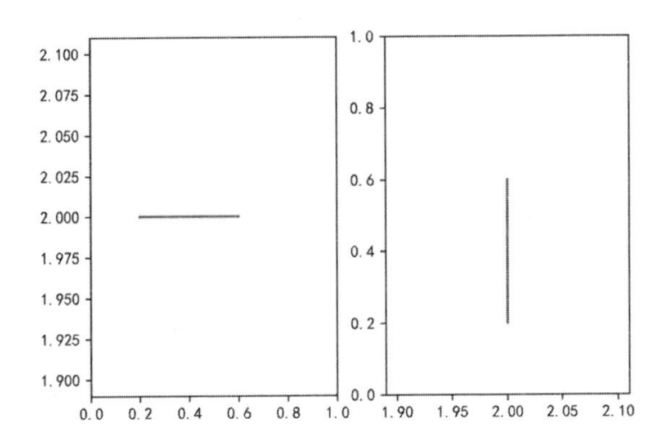

13.9 绘制组合图表

组合图表就是在同一坐标系中绘制多张图表，常见的有折线图+折线图、折线图+柱形图、柱形图+柱形图等几种形式。柱形图+柱形图其实就是簇状柱形图，因此此处不再赘述。

13.9.1 折线图+折线图

折线图+折线图就是将两条及两条以上的折线画在同一坐标系中，具体绘制方法就是在建立坐标系以后，直接运行多行绘制折线图代码即可，代码如下所示。

```
#建立一个坐标轴
>>>plt.subplot(1,1,1)

#指明 x 和 y 的值
>>>x = np.array([1, 2, 3, 4, 5, 6, 7, 8, 9])
>>>y1 = np.array([ 866, 2335, 5710, 6482, 6120, 1605, 3813, 4428, 4631])
>>>y2 = np.array([ 433, 1167, 2855, 3241, 3060,  802, 1906, 2214, 2315])

#直接绘制两条折线
>>>plt.plot(x,y1,color="k",linestyle="solid",linewidth=1,
            marker="o",markersize=3,label="注册人数")
>>>plt.plot(x,y2,color="k",linestyle="dashdot",linewidth=1,
            marker="o",markersize=3,label="激活人数")

#设置标题
#标题名及标题的位置
>>>plt.title("XXX 公司 1—9 月注册与激活人数",loc="center")

#添加数据标签
>>>for a,b in zip(x,y1):
      plt.text(a,b,b,ha='center', va= "bottom",fontsize=11)

>>>for a,b in zip(x,y2):
      plt.text(a,b,b,ha='center', va= "bottom",fontsize=11)

#设置 x 轴和 y 轴的名称
>>>plt.xlabel('月份')
>>>plt.ylabel('注册量')

#设置 x 轴和 y 轴的刻度
>>>plt.xticks(np.arange(1,10,1),["1 月份","2 月份","3 月份",
           "4 月份","5 月份","6 月份","7 月份","8 月份","9 月份"])
>>>plt.yticks(np.arange(1000,7000,1000),
           ["1000 人","2000 人","3000 人","4000 人","5000 人","6000 人"])
```

```
>>>plt.legend()#设置图例

#保存文件到本地
>>>plt.savefig(r"C:\Users\zhangjunhong\Desktop\plot2.jpg")
```

折线图+折线图的效果如下图所示。

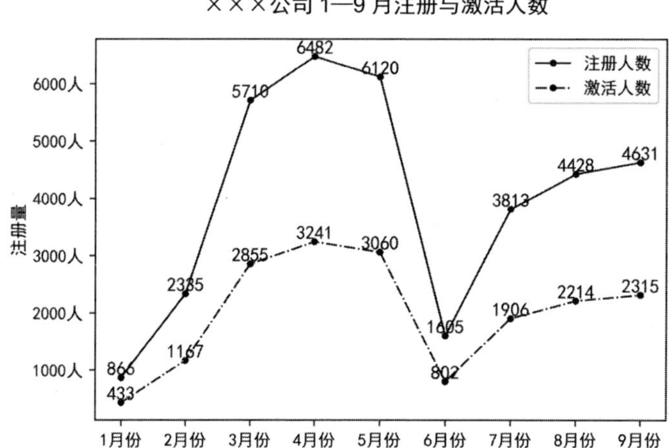

13.9.2 折线图+柱形图

折线图+柱形图与折线图+折线图的绘制原理一样，建立好坐标系以后，先运行一行代码绘制折线图，然后运行一行代码绘制柱形图，这样两个图表就显示在一个坐标系中了，代码如下所示。

```
#建立一个坐标轴
>>>plt.subplot(1,1,1)

#指明 x 和 y 的值
>>>x = np.array([1, 2, 3, 4, 5, 6, 7, 8, 9])
>>>y1 = np.array([ 866, 2335, 5710, 6482, 6120, 1605, 3813, 4428, 4631])
>>>y2 = np.array([ 433, 1167, 2855, 3241, 3060,  802, 1906, 2214, 2315])

#直接绘制折线图和柱形图
>>>plt.plot(x,y1,color="k",linestyle="solid",linewidth=1,
            marker="o",markersize=3,label="注册人数")
>>>plt.bar(x,y2,color="k",label="激活人数")

#设置标题
#标题名及标题的位置
>>>plt.title("XXX 公司 1—9 月注册与激活人数",loc="center")
```

```
#添加数据标签
>>>for a,b in zip(x,y1):
      plt.text(a,b,b,ha='center', va= "bottom",fontsize=11)

>>>for a,b in zip(x,y2):
      plt.text(a,b,b,ha='center', va= "bottom",fontsize=11)

#设置 x 轴和 y 轴的名称
>>>plt.xlabel('月份')
>>>plt.ylabel('注册量')

#设置 x 轴和 y 轴的刻度
>>>plt.xticks(np.arange(1,10,1),["1 月份","2 月份","3 月份",
           "4 月份","5 月份","6 月份","7 月份","8 月份","9 月份"])
>>>plt.yticks(np.arange(1000,7000,1000),
           ["1000 人","2000 人","3000 人","4000 人","5000 人","6000 人"])

>>>plt.legend()#设置图例

#保存文件到本地
>>>plt.savefig(r"C:\Users\zhangjunhong\Desktop\bar2.jpg")
```

折线图+柱形图的效果如下图所示。

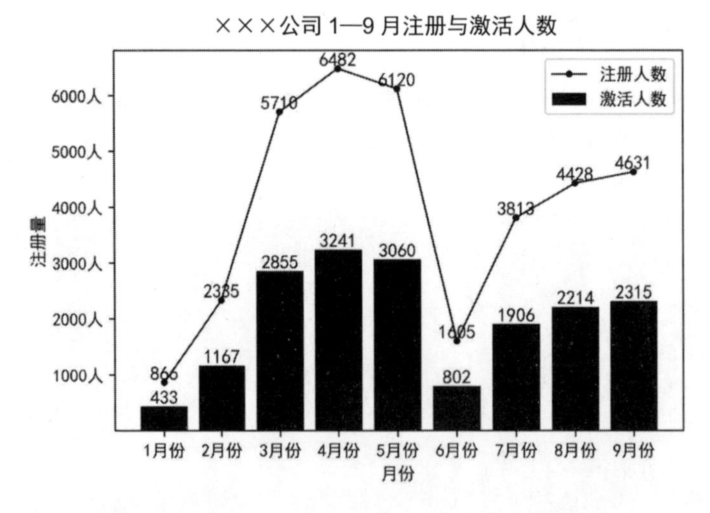

如果想将其他组合图表绘制在同一坐标系中也是同样的道理。

13.10 绘制双坐标轴图表

双坐标轴图表就是既有主坐标轴又有次坐标轴的图表，当两个不同量级的指标放在同一坐标系中时，就需要开启双坐标轴，比如任务量和完成率就是两个不同量级的指标。

13.10.1 绘制双 y 轴图表

双 y 轴图表就是一个坐标系中有两条 y 轴，使用的是 plt 库中的 twinx 方法，具体绘制流程为：先建立坐标系，然后绘制主坐标轴上的图表，再调用 plt.twinx 方法，最后绘制次坐标轴上的图表，代码如下所示。

```
#建立一个坐标轴
>>>plt.subplot(1,1,1)

#指明 x 和 y 的值
>>>x = np.array([1,2,3,4,5,6,7,8,9])
>>>y1 = np.array([ 866, 2335, 5710, 6482, 6120, 1605, 3813, 4428, 4631])
>>>y2 = np.array([0.54459448, 0.32392354, 0.39002751,
                  0.41121879, 0.32063077, 0.33152276,
                  0.92226226, 0.02950071, 0.15716906])

#绘制主坐标轴上的图表
>>>plt.plot(x,y1,color="k",linestyle="solid",linewidth=1,
                 marker="o",markersize=3,label="注册人数")

#设置主 x 轴和 y 轴的名称
>>>plt.xlabel('月份')
>>>plt.ylabel('注册量')

#设置主坐标轴图表的图例
>>>plt.legend(loc = "upper left")

#调用 twinx 方法
>>>plt.twinx()

#绘制次坐标轴的图表
>>>plt.plot(x,y2,color="k",linestyle="dashdot",linewidth=1,
           marker="o",markersize=3,label="激活率")

#设置次 x 轴和 y 轴的名称
>>>plt.xlabel('月份')
>>>plt.ylabel('激活率')

#设置次坐标轴图表的图例
>>>plt.legend()

#设置标题
#标题名以及标题的位置
```

```
>>>plt.title("XXX 公司 1—9 月注册量与激活率",loc="center")

#保存图表文件到本地
>>>plt.savefig(r"C:\Users\zhangjunhong\Desktop\twinx.jpg")
```

双 y 轴图表如下图所示。

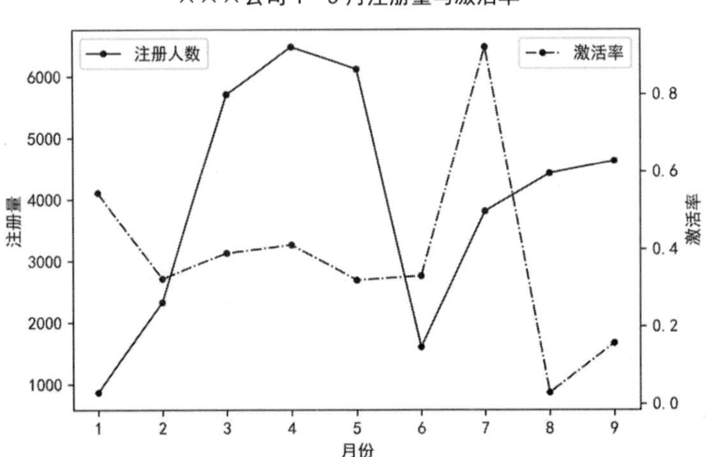

13.10.2 绘制双 x 轴图表

双 x 轴图表的一个坐标系中有两条 x 轴，使用的是 plt 库中的 twiny 方法，具体的绘制流程和双 y 轴图表的完全一样，在实际业务中使用较少，所以不详细介绍了。

13.11 绘图样式设置

matplotlib 库默认的样式看起来都不是那么好看，但是 matplotlib 库支持你调用其他样式，让你有更多的选择。使用 plt.style.available 即可查看 matplotlib 库支持的所有样式，代码如下所示。

```
>>>plt.style.available
['bmh',
 'classic',
 'dark_background',
 'fast',
 'fivethirtyeight',
 'ggplot',
 'grayscale',
 'seaborn-bright',
 'seaborn-colorblind',
```

```
'seaborn-dark-palette',
'seaborn-dark',
'seaborn-darkgrid',
'seaborn-deep',
'seaborn-muted',
'seaborn-notebook',
'seaborn-paper',
'seaborn-pastel',
'seaborn-poster',
'seaborn-talk',
'seaborn-ticks',
'seaborn-white',
'seaborn-whitegrid',
'seaborn',
'Solarize_Light2',
'_classic_test']
```

如果要使用其中的某种样式，只要在程序的开头加上下面这行代码即可。

```
>>>plt.style.use(样式名)
```

需要注意的一点是，一旦在一段程序开头指明了使用哪种样式，那么该程序接下来的所有图表都会使用这种样式。

下面列举了 matplotlib 库支持的几种样式。

（1）默认样式如下图所示。

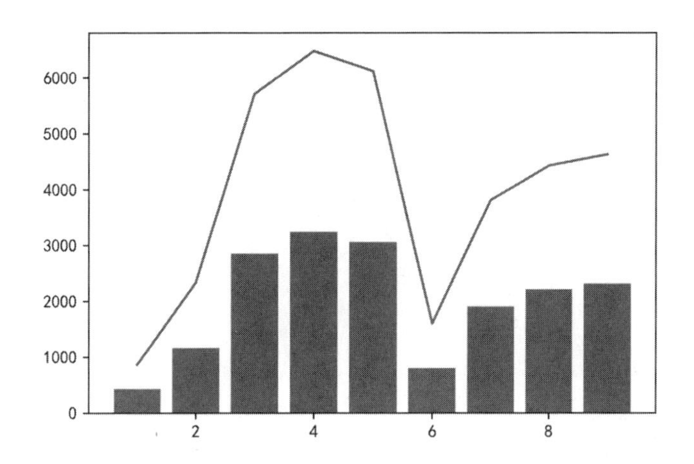

（2）bmh 样式如下图所示。

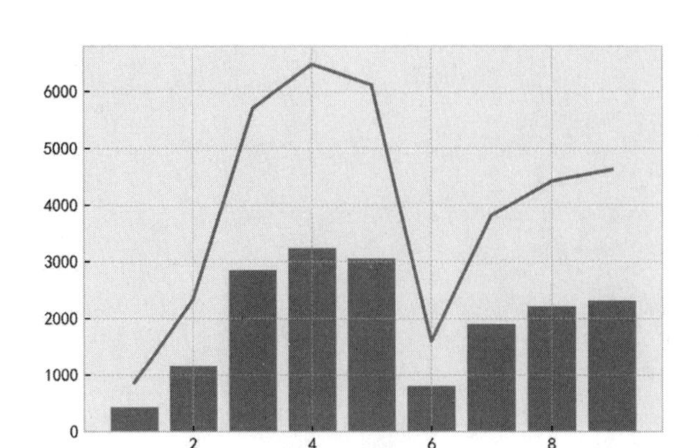

（3）classic 样式如下图所示。

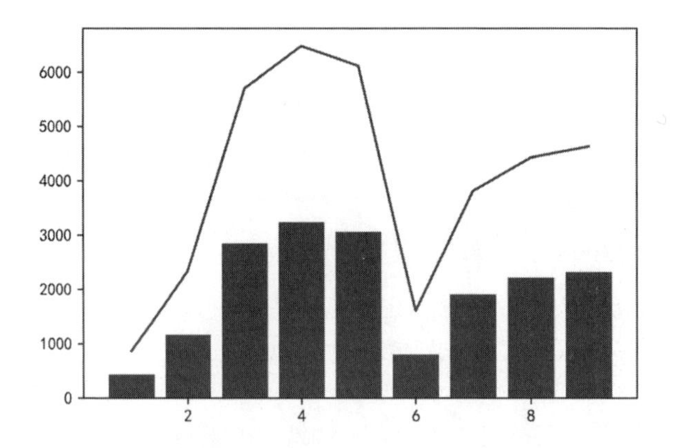

（4）dark_background 样式如下图所示。

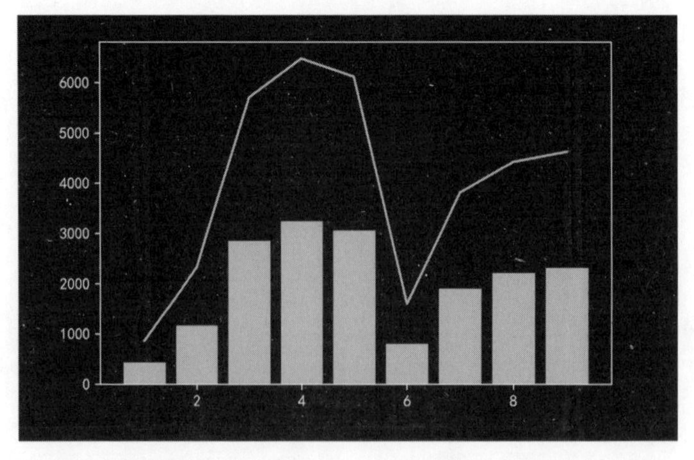

（5）fast 样式如下图所示。

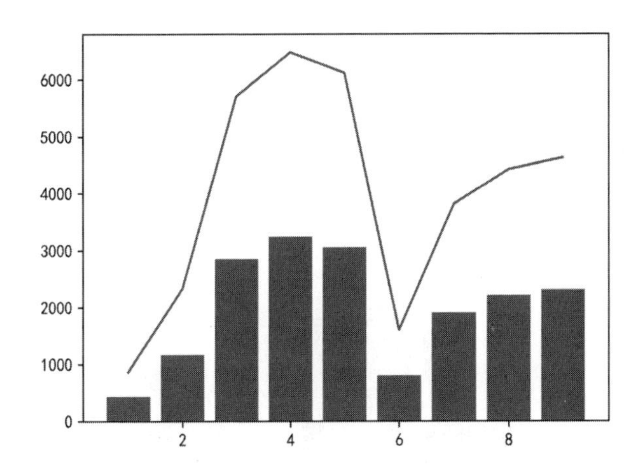

（6）fivethirtyeight 样式如下图所示。

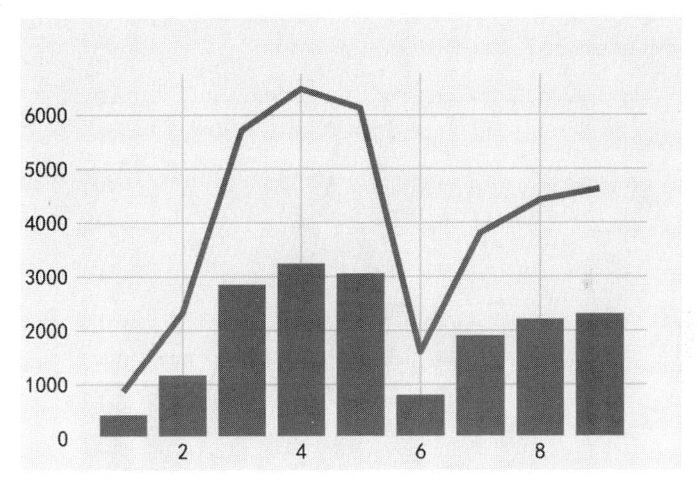

（7）ggplot 样式如下图所示。

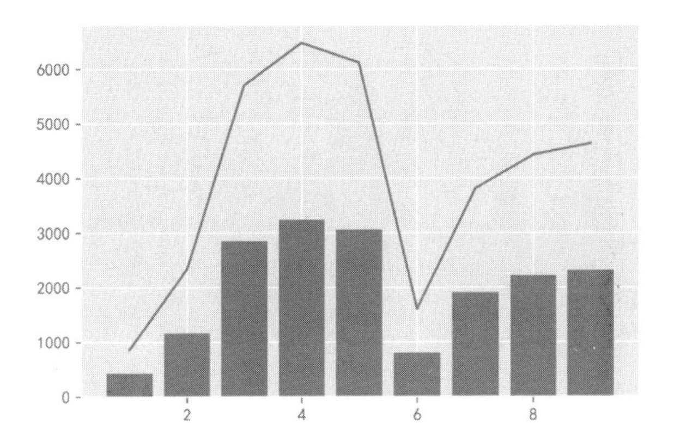

（8）grayscale 样式如下图所示。

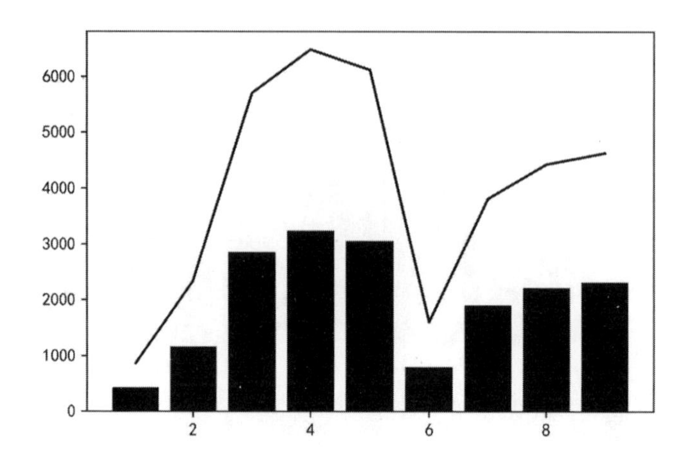

（9）seaborn-bright 样式如下图所示。

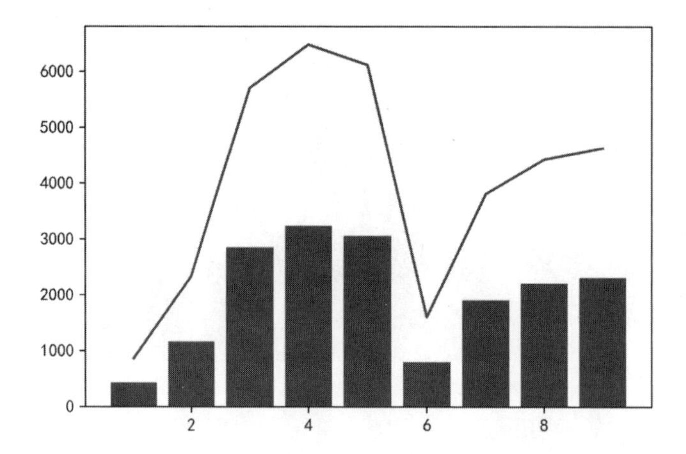

进阶篇会介绍几个实战案例，让你体会一下在实际业务中 Python 是如何使用的。案例主要有利用 Python 实现报表自动化，自动发送电子邮件，以及不同行业的业务分析案例。此外，还会介绍 Python 的补充知识——Numpy 数组的一些常用方法。

第 14 章

典型数据分析案例

14.1 利用 Python 实现报表自动化

一个数据分析师经常要做很多报表，报表太多的时候只顾做报表，根本没有时间分析。但是一个数据分析师的核心价值应该是通过报表发现数据背后隐藏的信息，而不是简单的数据罗列。如果只是做简单的数据罗列其实就不算是数据分析师，而是一个“表哥”。在实际工作中，我们避免不了要做一些“表哥”的工作，怎么办呢？把这些固定的“表哥”型工作写成脚本，让程序自己去做，这样我们就有更多的时间去做分析了。我们把让程序自己运行的这个过程称为自动化。

14.1.1 为什么要进行报表自动化

提高工作效率

前面说过，我们可以把一些“表哥”型的工作写成脚本，让程序自己去做，这样会节省很多时间，让我们有空去做更多有价值、有意义的工作。

减少错误

只要涉及手动操作就有可能出错，比如日报需要你每天修改一下当天的日期，如果这个事情每天都需要手动完成，说不准哪天你工作不在状态就会把它忘记。如果忘记修改，那么数据就是错的。但是程序是不会忘记的，你只要告诉程序每天怎么做就可以了。通过自动化可以降低出错的概率。

14.1.2 什么样的报表适合自动化

虽然自动化的好处显而易见，但并不是所有的报表都适合自动化，对报表进行自动化的时候我们需要综合考虑以下几个方面。

使用频率

对于日报、周报、月报等常规的、使用频率较高的报表，有必要进行自动化，而偶尔使用的一些报表就没有必要进行自动化了。

开发时间

对报表进行自动化需要写相应的脚本去实现，有的自动化实现起来比较难，写脚本耗费的时间也可能比较长，这个时候就要衡量一下开发脚本所耗费的时间和人工做表所耗费的时间哪个短了。

需求变更频率

需求变更频率就是指报表里涉及的指标，以及展现方式的变更频率。如果你做的报表是为了反映一个新业务的发展情况，这个时候报表的变更频率就会比较高。因为一个新业务需要不停地尝试不同的方向，这个时候是不适合做自动化的。但如果是相对成熟的业务，报表格式也相对固定了，就可以考虑做自动化了。

流程是否标准

因为自动化是需要让计算机自己完成，所以制作流程应该是比较标准的，这样有利于计算机理解每一步该做什么。

14.1.3 如何实现报表自动化

如何实现报表自动化，其实就是把人做的事情交给计算机，你第一步做什么、第二步做什么，同样也告诉计算机，只要你告诉了它，以后它就可以自动完成了，这就是自动化。

接下来我们用一个小案例给大家演示一下怎么实现报表自动化。比如我们现在每天需要做一个表（如下图所示），这个表要包括销售额、客流量、客单价这三个指标的本月累计、上月同期、去年同期、环比、同比这几个数值。

	本月累计	上月同期	去年同期	环比	同比
销售额					
客流量					
客单价					

假设你每天做报表的源数据存放在一张订单表里，该表包含了从去年至今的所有订单数据，部分数据如下图所示。

	商品ID	类别ID	单价	销量	成交时间	订单ID
0	30006206	915000003	25.23	0.328	2018-01-01	20170103CDLG000210052759
1	30163281	914010000	2.00	2.000	2018-01-02	20170103CDLG000210052759
2	30200518	922000000	19.62	0.230	2018-01-03	20170103CDLG000210052759
3	29989105	922000000	2.80	2.044	2018-01-04	20170103CDLG000210052759
4	30179558	915000100	47.41	0.226	2018-01-05	20170103CDLG000210052759

先对代码中将会涉及的指标做如下说明。

```
#指标说明
销售额 = 单价*销量
客流量 = 订单 ID 去重计数
客单价 = 销售额/客流量
本月 = 2018 年 2 月
上月 = 2018 年 1 月
去年同期 = 2017 年 2 月
```

现在开始正式的报表制作过程，为了便于大家理解代码，所以将整个过程分成若干个小的步骤来实现。

导入源数据

直接利用 pandas 模块中的 read_csv 方法将源数据导入，代码如下所示。

```
>>>import pandas as pd
>>>from datetime import datetime
>>>data = pd.read_csv(r"C:\Users\Desktop\order.csv",parse_dates = ["
成交时间"])
>>>data.head()#预览数据
>>>data.info()#查看源数据类型
<class 'pandas.core.frame.DataFrame'>
RangeIndex: 6148 entries, 0 to 6147
Data columns (total 6 columns):
商品 ID    3478 non-null float64
类别 ID    3478 non-null float64
单价      3478 non-null float64
销量      3478 non-null float64
成交时间    3478 non-null datetime64[ns]
订单 ID    3478 non-null object
dtypes: datetime64[ns](1), float64(4), object(1)
memory usage: 288.3+ KB
```

parse_dates 参数表示将数据解析为时间格式。

计算本月相关指标

首先根据成交时间将本月的全部数据索引出来，然后在本月订单数据的基础上进行运算，代码如下所示。

```
>>>This_month = data[(data["成交时间"] >= datetime(2018,2,1))&
              (data["成交时间"] <= datetime(2018,2,28))]
>>>sales_1 = (This_month["销量"]*This_month["单价"]).sum()#销售额计算
#客流量计算
>>>traffic_1 = This_month["订单 ID"].drop_duplicates().count()
>>>s_t_1 = sales_1/traffic_1#客单价计算
>>>print("本月销售额为:{:.2f},客流量为:{},
         客单价为:{:.2f}".format(sales_1,traffic_1,s_t_1))
本月销售额为：9572.66,客流量为:480,客单价为:19.94。
```

计算上月相关指标

上月相关指标的计算逻辑与本月相关指标的计算逻辑完全一致，只不过数据范围是上月。首先根据成交时间将上月的全部数据索引出来，然后在上月订单数据的基础上进行运算，代码如下所示。

```
>>>last_month = data[(data["成交时间"] >= datetime(2018,1,1))&
              (data["成交时间"] <= datetime(2018,1,31))]
>>>sales_2 = (last_month["销量"]*last_month["单价"]).sum()#销售额计算
#客流量计算
>>>traffic_2 = last_month["订单 ID"].drop_duplicates().count()
>>>s_t_2 = sales_2/traffic_2#客单价计算
>>>print("本月销售额为:{:.2f},客流量为:{},
         客单价为:{:.2f}".format(sales_2,traffic_2,s_t_2))
本月销售额为:7345.79,客流量为:361,客单价为:20.35
```

计算去年同期相关指标

去年同期相关指标的计算逻辑与本月相关指标的计算逻辑完全一致，数据范围换成去年同期的时间即可。首先根据成交时间将去年同期的全部数据索引出来，然后在去年同期订单数据的基础上进行运算，代码如下所示。

```
>>>same_month = data[(data["成交时间"] >= datetime(2017,2,1))&
              (data["成交时间"] <= datetime(2017,2,28))]
>>>sales_3 = (same_month["销量"]*same_month["单价"]).sum()#销售额计算
#客流量计算
>>>traffic_3 = same_month["订单 ID"].drop_duplicates().count()
>>>s_t_3 = sales_3/traffic_3#客单价计算
>>>print("本月销售额为:{:.2f},客流量为:{},
         客单价为:{:.2f}".format(sales_3,traffic_3,s_t_3))
本月销售额为:12031.62,客流量为:565,客单价为:21.29
```

利用函数提高编码效率

大家有没有发现上面三个时间段内相关指标的计算逻辑都一样，唯一不同的就是在哪一部分订单数据上进行计算。我们回想一下函数的定义，即一段可以重复利用的程序代码，因此我们可以利用函数来计算上述三个时间段内的指标，如下所示。

```
>>>def get_month_data(data):
      sale = (data["单价"]*data["销量"]).sum()
      traffic = data["订单 ID"].drop_duplicates().count()
      s_t = sale/traffic
      return (sale,traffic,s_t)

#计算本月相关指标
>>>sale_1,traffic_1,s_t_1 = get_month_data(This_month)

#计算上月相关指标
>>>sale_2,traffic_2,s_t_2 = get_month_data(last_month)

#计算去年同期相关指标
>>>sale_3,traffic_3,s_t_3 = get_month_data(same_month)
```

将三个时间段的指标进行合并，如下所示。

```
>>>report = pd.DataFrame([[sale_1,sale_2,sale_3],
                      [traffic_1,traffic_2,traffic_3],
                      [s_t_1,s_t_2,s_t_3]],
                      columns = ["本月累计","上月同期","去年同期"]
                      index = ["销售额","客流量","客单价"])
>>>report
       本月累计      上月同期      去年同期
销售额 9573.0       7346.0       12032.0
客流量 480.0        361.0        565.0
客单价 20.0         20.0         21.0

#添加同比和环比字段
>>>report["环比"] = report["本月累计"]/report["上月同期"] - 1
>>>report["同比"] = report["本月累计"]/report["去年同期"] - 1
>>>report
       本月累计 上月同期  去年同期      环比          同比
销售额 9573.0   7346.0   12032.0     0.303158   -0.204372
客流量 480.0    361.0    565.0       0.329640   -0.150442
客单价 20.0     20.0     21.0        0.000000   -0.047619
```

将结果文件导出到本地。

```
>>>report.to_csv(r"C:\Users\Desktop\order.csv",
                encoding = "utf-8-sig")
```

上面所有的步骤只要事先编写好了，那么每次当你需要这个表的时候，只要单击运行，就会在目标文件夹下生成一个结果文件，省去了人工计算的时间。

上面的报表看起来可能比较简单，但不管多么复杂的报表，实现原理都是一样的，你只要把每一步需要干什么告诉计算机，那么当你需要做的时候，单击运行，程序就会运行出你想要的结果。

14.2 自动发送电子邮件

报表做出来以后一般都要发给别人看，对于一些每天需要发的报表或者需要发送多份的报表，可以考虑借助 Python 来自动发送邮件。

利用 Python 发送邮件时主要借助 smtplib 和 email 两个模块，其中 smtplib 主要用来建立和断开与服务器连接的工作，而 email 模块主要用来设置一些与邮件本身相关的内容，比如收件人、发件人、主题。

不同邮箱的服务器连接地址不一样，大家根据自己使用的邮箱设置相应的服务器连接。163 邮箱在国内比较常用，所以这里以 163 邮箱为例给大家演示一下如何利用 Python 自动发送邮件。

在开始进行正式的代码编写之前，需要先登录 163 邮箱进行授权码设置，授权码设置界面如下图所示。

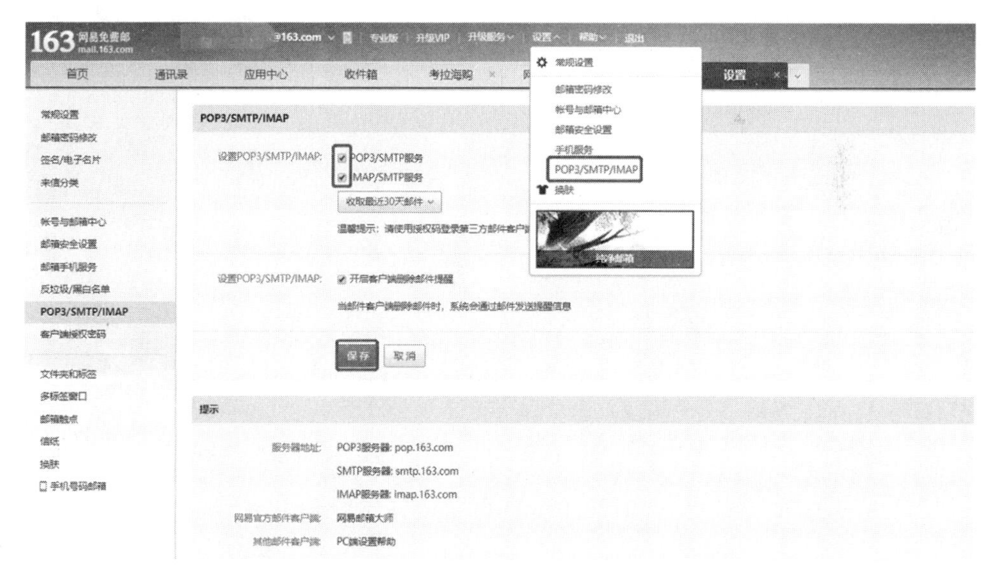

单击设置中的 POP3/SMTP/IMAP，勾选 POP3/SMTP 服务和 MAP/SMTP 服务两项的复选框，根据提示进行授权码设置，设置成功后就可以在 Python 中利用授权码登录。此时如果在 Python 中使用原先的邮箱密码登录会报错。

编写自动发送电子邮件的代码。

```
>>>import smtplib
>>>from email import encoders
```

```
>>>from email.header import Header
>>>from email.mime.multipart import MIMEMultipart
>>>from email.mime.text import MIMEText
>>>from email.utils import parseaddr, formataddr
>>>from email.mime.application import MIMEApplication

#发件人邮箱
>>>asender="zhangjunhongdata@163.com"
#收件人邮箱
>>>areceiver="zhangjunhong@163.com"
#抄送人邮箱
>>>acc = 'zhangjunhong@qq.com'
#邮件主题
>>>asubject = '这是一份测试邮件'

#发件人地址
>>>from_addr = "zhangjunhongdata@163.com"
#邮箱密码（授权码）
>>>password="123data"

#邮件设置
>>>msg = MIMEMultipart()
>>>msg['Subject'] = asubject
>>>msg['to'] = areceiver
>>>msg['Cc'] = acc
>>>msg['from'] =  "张俊红"

#邮件正文
>>>body = "你好，这是一份测试邮件"

#添加邮件正文
>>>msg.attach(MIMEText(body, 'plain', 'utf-8'))

#添加附件
#注意，这里的文件路径是分隔线
>>>xlsxpart = MIMEApplication(open('C:/Users/zhangjunhong/Desktop/
这是附件.xlsx', 'rb').read())
>>>xlsxpart.add_header('Content-Disposition',
                       'attachment',
                       filename='这是附件.xlsx')
>>>msg.attach(xlsxpart)

#设置邮箱服务器地址及端口
>>>smtp_server ="smtp.163.com"
>>>server = smtplib.SMTP(smtp_server, 25)
>>>server.set_debuglevel(1)
#登录邮箱
>>>server.login(from_addr, password)
```

```
#发送邮件
>>>server.sendmail(from_addr,
                    areceiver.split(',')+acc.split(','),
                    msg.as_string())
#断开服务器连接
>>>server.quit()
```

收到的邮件如下图所示。

如果需要同时发送多封邮件，可以把上述邮件发送过程定义成一个函数，把收件人及其他内容生成一个列表，然后遍历每一个收件人，最后调用发送邮件函数进行多封邮件的发送。

关于自动发送邮件还有很多内容，比如定时发送，正文显示 html 内容，附件添加图片等，大家有兴趣可以进一步学习。

14.3 假如你是某连锁超市的数据分析师

假如你是一家连锁超市的数据分析师，以下几个小节讲的问题可能会是你经常需要关注的。数据源如下图所示。

	商品ID	类别ID	门店编号	单价	销量	成交时间	订单ID
0	30006206	915000003	CDNL	25.23	0.328	2017-01-03 09:56:00	20170103CDLG000210052759
1	30163281	914010000	CDNL	2.00	2.000	2017-01-03 09:56:00	20170103CDLG000210052759
2	30200518	922000000	CDNL	19.62	0.230	2017-01-03 09:56:00	20170103CDLG000210052759
3	29989105	922000000	CDNL	2.80	2.044	2017-01-03 09:56:00	20170103CDLG000210052759
4	30179558	915000100	CDNL	47.41	0.226	2017-01-03 09:56:00	20170103CDLG000210052759

运行如下代码导入数据源。

```
#导入数据源
>>> data = pd.read_csv(r"C:\Users\Desktop\order.csv",parse_dates =
["成交时间"])
```

14.3.1 哪些类别的商品比较畅销

要看哪些类别的商品比较畅销，只要将订单表中的数据按照类别 ID 进行分组，然后对分组后的销量求和，就会得到每一类在一段时间内的销量。

```
>>>data.groupby("类别 ID")["销量"].sum().reset_index()
    类别 ID        销量
0   910000000    24.0
1   910010000    7.0
2   910010002    1.0
3   910010101    6.0
4   910010301    2.0
5   910010400    1.0
6   910010500    4.0
7   910020000    10.0
8   910020102    1.0
9   910020104    31.0
10  910020105    1.0
......
```

运行上面的代码得到了所有类别在一段时间内对应的销量，我们想看销量最好的前 10 个类别，就要先对销量做一个降序排列，然后取前 10 行即可。

```
>>>data.groupby("类别 ID")["销量"].sum().reset_index()
    .sort_values(by = "销量",ascending = False).head(10)
    类别 ID        销量
240 922000003   425.328
239 922000002   206.424
251 923000006   190.294
216 915030104   175.059
238 922000001   121.355
367 960000000   121.000
234 920090000   111.565
249 923000002   91.847
237 922000000   86.395
247 923000000   85.845
```

14.3.2 哪些商品比较畅销

计算哪些商品比较畅销，其实与计算哪些类别比较畅销的逻辑一致，上面用了数据分组，这次用数据透视表来计算哪些商品比较畅销，同样取前 10 名的商品。

```
>>>pd.pivot_table(data,index = "商品 ID",values = "销量",
      aggfunc = "sum").reset_index().sort_values(by = "销 量
```

```
",ascending = False).head(10)
    商品 ID       销量
8   29989059    391.549
18  29989072    102.876
469 30022232    101.000
523 30031960     99.998
57  29989157     72.453
476 30023041     64.416
505 30026255     62.375
7   29989058     56.052
510 30027007     48.757
903 30171264     45.000
```

14.3.3 不同门店的销售额占比

商品畅销程度直接用销量来表示即可，销售额等于销量乘单价，订单表中没有销售额字段，所以需要新增一个销售额字段。新增字段以后，按照门店编号进行分组，对分组后的营业额求和运算，最后计算不同门店的销售额占比，代码如下所示。

```
>>>data["销售额"] = data["销量"]*data["单价"]
>>>data.groupby("门店编号")["销售额"].sum()
门店编号
CDLG     10908.82612
CDNL     8059.47867
CDXL     9981.76166
Name: 销售额, dtype: float64
>>>data.groupby("门店编号")["销售额"].sum()/data["销售额"].sum()
门店编号
CDLG    0.376815
CDNL    0.278392
CDXL    0.344792
Name: 销售额, dtype: float64
#绘制饼图
>>>(data_2017.groupby("门店编号")["销售额"].sum()/data_2017["销售额
"].sum()).plot.pie()
```

运行代码得到了不同门店销售额占比的饼图，如下图所示。

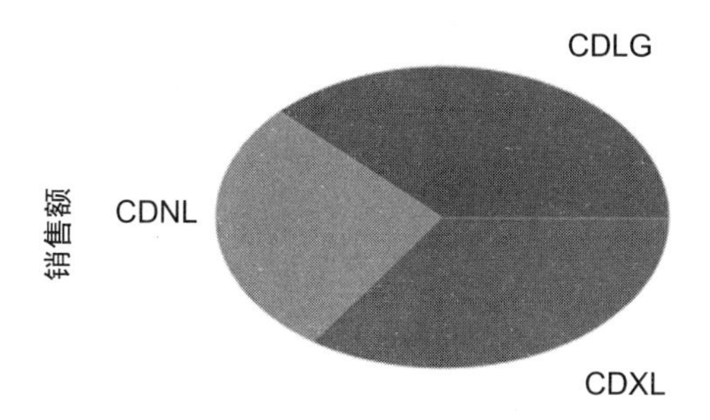

14.3.4 哪些时间段是超市的客流高峰期

了解清楚哪些时间段是超市客流的高峰期是很有必要的，可以帮助超市管理人员提前布置工作人员，帮助超市管理人员决定在什么时间段开展促销活动。

现在我们想知道一天中什么时间段（哪几个小时）是高峰期，要想找出高峰期时间段，需要知道每个时间段对应的客流量，但是订单表中的成交时间既有日期又有时间，我们需要从中提取出小时数，这里依然用订单 ID 去重计数代表客流量。

```
#利用自定义时间格式函数 strftime 提取小时数
>>>data["小时"] = data["成交时间"].map(lambda x:int(x.strftime("%H")))
#对小时和订单去重
>>>traffic = data[["小时","订单 ID"]].drop_duplicates()
#求每小时的客流量
>>>traffic.groupby("小时")["订单 ID"].count()
小时
6      10
7      37
8     106
9     156
10    143
11     63
13     30
14     36
15     17
16     50
17     73
18     71
19     71
20     39
21     16
Name: 订单 ID, dtype: int64
#绘制每小时客流量折线图
>>>traffic.groupby("小时")["订单 ID"].count().plot()
```

上述代码中之所以要对小时和订单进行去重处理，是因为我们用的订单表是以商品 ID 为主键的，在一个小时内可能会出现多个相同的订单 ID，这些订单 ID 来自同一个人，所以算作一个人。

分小时客流量折线图如下图所示，可以看出 8 点到 10 点是超市一天中的销售高峰期，17 点到 19 点又有一个销售小高峰。

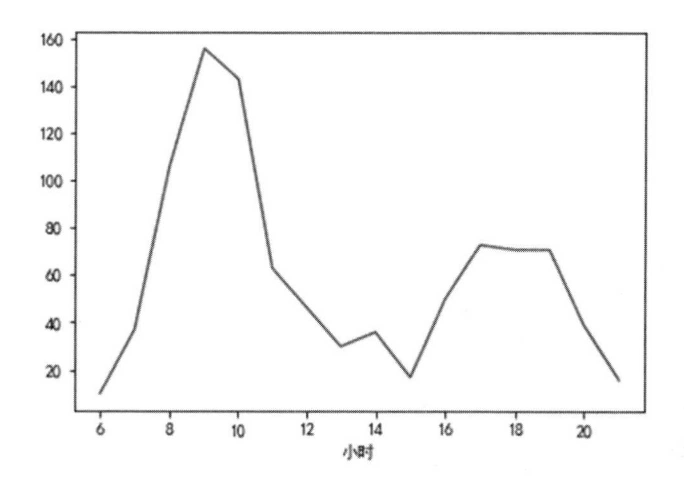

14.4 假如你是某银行的数据分析师

假如你是某银行的数据分析师，那么坏账率肯定是你日常需要关注的重点指标，坏账率的高低主要会受哪些因素影响呢？现在有一份历史借款人员明细表，通过这份历史记录来看一下坏账率都会受哪些因素的影响，记录表如下图所示。

	用户ID	好坏客户	年龄	负债率	月收入	家属数量
0	1	1	45	0.802982	9120.0	2.0
1	2	0	40	0.121876	2600.0	1.0
2	3	0	38	0.085113	3042.0	0.0
3	4	0	30	0.036050	3300.0	0.0
4	5	0	49	0.024926	63588.0	0.0

导入数据源如下所示。

```
#导入数据源
>>>data = pd.read_csv(r"C:\Users\Desktop\loan.csv")
>>>data.info()
<class 'pandas.core.frame.DataFrame'>
RangeIndex: 150000 entries, 0 to 149999
Data columns (total 6 columns):
用户 ID     150000 non-null int64
好坏客户    150000 non-null int64
年龄        150000 non-null int64
负债率      150000 non-null float64
月收入      120269 non-null float64
```

```
家属数量    146076 non-null float64
dtypes: float64(3), int64(3)
memory usage: 6.9 MB
```

14.4.1 是不是收入越高的人坏账率越低

按理来说收入越高的人越不缺钱，坏账率应该越低，那么实际情况是什么样的呢？我们通过数据来看一下。在借款人员明细表的基本信息中，月收入是有缺失值的，所以在具体分析以前，我们要先做一个缺失值处理。这里选择用均值填充的方法，如下所示。

```
>>>data = data.fillna({"月收入":data["月收入"].mean()})
>>>data.info()
<class 'pandas.core.frame.DataFrame'>
RangeIndex: 150000 entries, 0 to 149999
Data columns (total 6 columns):
用户 ID    150000 non-null int64
好坏客户   150000 non-null int64
年龄       150000 non-null int64
负债率     150000 non-null float64
月收入     150000 non-null float64
家属数量   146076 non-null float64
dtypes: float64(3), int64(3)
memory usage: 6.9 MB
```

可以看到，月收入已经没有缺失值了，可以正式分析了。

因为月收入属于连续值，对于连续值进行分析时，我们一般都会将连续值离散化，就是将连续值进行区间切分，分成若干类别。

```
>>>cut_bins=[0,5000,10000,15000,20000,100000]
>>>income_cut=pd.cut(data["月收入"],cut_bins)
>>>income_cut
[(5000, 10000], (0, 5000], (20000, 100000], (10000, 15000],(15000,
20000]]
Categories (5, interval[int64]): [(0, 5000] < (5000, 10000] < (10000,
15000] < (15000, 20000] < (20000, 100000]]
```

区间切分好以后就可以看每个区间内的坏账率，坏账率又该怎么计算呢？坏账率就是所有借款用户中逾期不还用户的占比。逾期不还用户的好坏客户字段标记为 1，非逾期不还用户的好坏客户字段标记为 0。坏账率就等于好坏客户字段之和（坏账客户数）与好坏客户字段的计数（所有借款用户）的比值。

```
>>>all_income_user = data["好坏客户"].groupby(income_cut).count()
>>>bad_income_user = data["好坏客户"].groupby(income_cut).sum()
>>>bad_rate = bad_income_user/all_income_user
>>>bad_rate
```

```
月收入
(0, 5000]          0.087543
(5000, 10000]       0.058308
(10000, 15000]      0.041964
(15000, 20000]      0.041811
(20000, 100000]     0.053615
Name: 好坏客户, dtype: float64
#绘制月收入与坏账率关系图
>>>bad_rate.plot.bar()
```

如下图所示当月收入在 1 万元以下时，收入越高，坏账率越低，当月收入超过 1.5 万元时，坏账率又出现了上涨。所以并不完全是月收入越高，坏账率越低，只是在一定范围内，月收入越高坏账率会越低。

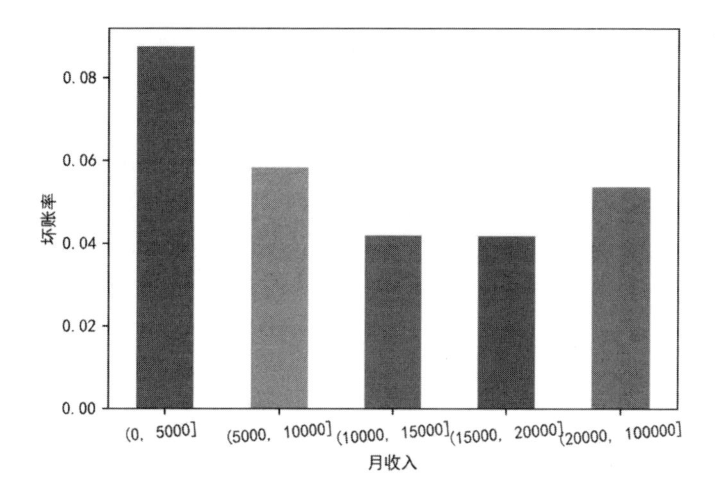

14.4.2 年龄和坏账率有什么关系

年龄和坏账率有什么关系呢？是不是年龄越大消费越理性，对信用越看重，坏账率越低呢？

年龄也是连续值，也是用连续值离散化方式处理，代码如下所示。

```
>>>age_cut=pd.qcut(data["年龄"],6)
>>>all_age_user = data["好坏客户"].groupby(age_cut).count()
>>>bad_age_user = data["好坏客户"].groupby(age_cut).sum()
>>>bad_rate = bad_age_user/all_age_user
年龄
(-0.109, 18.167]    0.000000
(18.167, 36.333]    0.110124
(36.333, 54.5]      0.081645
(54.5, 72.667]      0.041719
(72.667, 90.833]    0.021585
```

```
(90.833, 109.0]     0.022495
Name: 好坏客户, dtype: float64
#绘制年龄与坏账率关系图
>>>bad_rate.plot.bar()
```

18 岁以下的人的坏账率为 0，18~36 岁的人的坏账率最高，超过 36 岁的人随着年龄的增加，坏账率呈下降趋势，如下图所示。

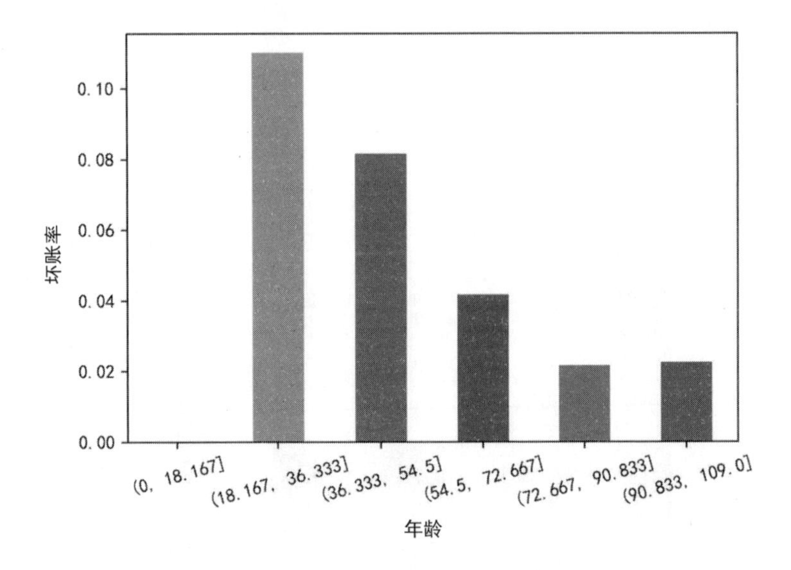

14.4.3 家庭人口数量和坏账率有什么关系

家庭人口数量和坏账率有什么关系呢？是家庭人口越多，负担越重，坏账率越高？还是家庭人口越多，劳动力越多，坏账率越低呢？我们具体看一下家庭人口数量和坏账率的关系。

虽然人口数量也是连续值，但是因为数值不是很大，所以我们就当作离散值处理，不进行区间切分。

```
>>>all_age_user = data.groupby("家属数量")["好坏客户"].count()
>>>bad_age_user = data.groupby("家属数量")["好坏客户"].sum()
>>>bad_rate = bad_age_user/all_age_user
家属数量
0.0     0.058629
1.0     0.073529
2.0     0.081139
3.0     0.088263
4.0     0.103774
5.0     0.091153
6.0     0.151899
7.0     0.098039
```

```
8.0     0.083333
9.0     0.000000
10.0    0.000000
13.0    0.000000
20.0    0.000000
Name: 好坏客户, dtype: float64
#绘制家属数量与坏账率关系图
>>>bad_rate. plot()
```

家属数量与坏账率关系如下图所示。从下图可知，我们的第一个猜想是对的，家属数量越多，负担越重，坏账率越高。但是当家属数量大于 8 人时，反而坏账率变为 0 了，由于正常家庭人口数量不会有这么多人，因此这部分数据可以当作异常值对待，删除不看即可。

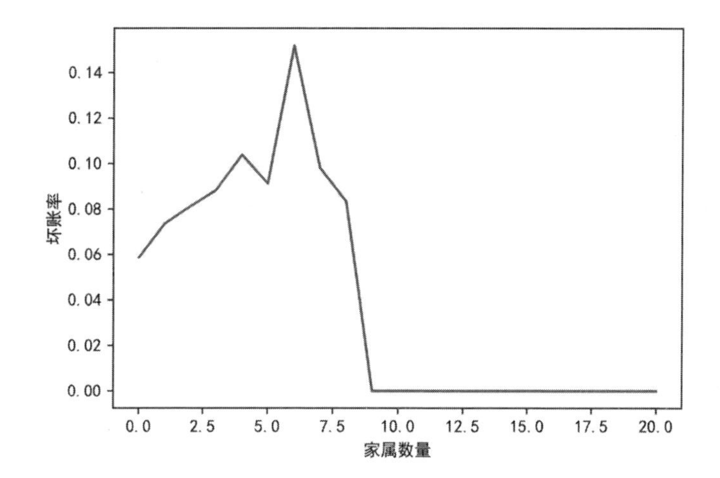

第 15 章

NumPy 数组

Pandas 和 NumPy 有一定历史渊源。Python 最开始被开发出来后，人们应用时有数值计算的需求，不过当时的数值主要指矩阵相关的运算，为了满足这种需求，NumPy 问世了。但是，在实际工作中，我们的很多数据都不是以矩阵的形式存放的，而是用数据库或者本地的 Excel 表格存放的。为了让人们使用更加方便，所以前辈们就在已有的 NumPy 的基础上开发出了 Pandas。其实这两个包所提供的计算函数差不多，你会看到这两个包在实现同一功能时用的函数都是一样的，例如，求和用的都是 sum()函数。我们在数据分析领域用的最多的还是 Pandas，所以前面关于数据分析流程中涉及的操作都借助了 Pandas 包来实现。但是 Pandas 是建立在 NumPy 基础上的，本章介绍一下 NumPy 中比较常用的操作。

15.1 NumPy 简介

NumPy 是针对多维数组（Ndarray）的一个科学计算（就是各种运算）包，这个包封装了多个可以用于数组间计算的函数供你直接调用。

数组是相同数据类型的元素按一定顺序排列的组合，这里需要注意的是必须是相同数据类型的，比如全是整数、全是字符串或者其他。

```
array([1, 2, 3, 4, 5, 6])#数值型数组
array(['a', 'b', 'c', 'd', 'e', 'f'], dtype='<U1')#字符型数组
```

15.2 NumPy 数组的生成

要使用 NumPy，首先要有符合 NumPy 数组的数据，不同的包需要的数据结构是不一样的，比如 Pandas 包需要的是 DataFrame 和 Series 数据结构。

下面介绍几种生成数组的方法，在 Python 中创建数组使用的是 array()函数，array()函数的参数可以为任何序列型的对象（列表、元组、字符串等）。

在使用 NumPy 数组的函数或方法之前，首先要将这个包加载进来。

```
import numpy as np
```

在一段程序中只要加载导入进来一次即可，下面涉及 NumPy 中的方法，我们都假设 NumPy 已加载完成。

15.2.1 生成一般数组

给 array()函数传入一个列表，直接将数据以列表的形式作为一个参数传给 array()函数即可。

```
>>>arr = np.array([2,4,6,8])
>>>arr
array([2, 4, 6, 8])
```

给 array()函数传入一个元组，直接将数据以元组的形式作为一个参数传给 array()函数即可。

```
>>>arr = np.array((2,4,6,8))
>>>arr
array((2, 4, 6, 8))
```

给 array()函数传入一个嵌套列表，直接将数据以嵌套列表的形式作为一个参数传给 array()函数，这个时候会生成一个多维数组。

```
>>>arr = np.array([[1,2,3],[4,5,6]])
>>>arr
array([[1, 2, 3],
       [4, 5, 6]])
```

15.2.2 生成特殊类型数组

生成固定范围的随机数组

生成固定范围的随机数组要用到 arange()函数。

```
np.arange(start,stop,step)
```

上面的代码表示生成一个以 start 开始（包括 start 这个值），stop 结束（不包括 stop 这个值），step 为步长（步长就是数与数之间的间隔）的随机序列，具体例子如下所示。

```
#生成一个以 1 为开始，15 为结束，3 为步长的随机序列
>>>np.arange(1,15,3)
array([ 1,  4,  7, 10, 13])
```

当 step 参数省略不写时，步长默认为 1：

```
#生成一个以 1 开始，15 为结束，步长默认的随机序列
```

```
>>>np.arange(1,15)
array([ 1,  2,  3,  4,  5,  6,  7,  8,  9, 10, 11, 12, 13, 14])
```

当 start 参数省略不写时，默认从 0 开始：

```
#生成一个以 15 为结束，步长默认为 1 的随机序列
>>>np.arange(15)
array([ 0,  1,  2,  3,  4,  5,  6,  7,  8,  9, 10, 11, 12, 13, 14])
```

生成指定形状全为 0 的数组

生成指定形状全为 0 的数组要用到 zeros()函数。

当给 zeros()函数传入一个具体的值时，会生成相应长度的一个全为 0 的一维数组，具体例子如下所示。

```
#生成长度为 3 的 0 数组
>>>np.zeros(3)
[0. 0. 0.]
```

当给 zeros()函数传入一对值时，会生成相应行、列数的全为 0 的多维数组。

```
#生成 2 行 3 列的一个数组
>>>np.zeros((2,3))
[[0. 0. 0.]
 [0. 0. 0.]]
```

生成指定形状全为 1 的数组

生成指定形状全为 1 的数组，需要用到 ones()函数。生成全为 1 的数组和生成全为 0 的数组的思路是一致的，只不过把全为 0 的数组中的 0 全部换成 1。

当给 ones()函数传入一个具体值时，生成相应长度的一个全为 1 的一维数组，具体例子如下所示。

```
#生成长度为 3 的 1 数组
>>>np.ones(3)
[ 1.  1.  1.]
```

当给 ones()函数传入一对值时，会生成相应行列数全为 1 的多维数组。

```
>>>np.ones((2,3))
[[ 1.  1.  1.]
 [ 1.  1.  1.]]
```

生成一个正方形单位矩阵

单位矩阵就是对角线的元素值全为 1，其余位置的元素值全为 0，需要用到 eye()函数。

eye()函数需要在括号中指明正方形边长，具体例子如下所示。

```
#生成一个 3×3 的单位矩阵
```

```
>>>np.eye(3)
[[1. 0. 0.]
 [0. 1. 0.]
 [0. 0. 1.]]
```

15.2.3 生成随机数组

随机数组的生成主要用到 NumPy 中的 random 模块。

np.random.rand()方法

np.random.rand()方法主要用于生成(0,1)之间的随机数组。

当给 rand()函数传入一个具体值时，生成一个相应长度的且值位于(0,1)之间的随机数组，具体例子如下所示。

```
#生成长度为 3 的位于(0,1)之间的随机数组
>>>np.random.rand(3)
[0.85954324 0.94129099 0.33485322]
```

当给 rand()函数传入一对值时，生成相应行、列数的多维数组，且数组中的值介于(0,1)之间，具体例子如下所示。

```
#生成 2 行 3 列值位于(0,1)之间的数组
>>>np.random.rand(2,3)
[[0.76607317 0.66620877 0.2951136 ]
 [0.96297267 0.25171215 0.99923204]]
```

np.random.randn()方法

np.random.randn()方法用来生成满足正态分布的指定形状数组。

当给 randn()函数传入一个具体值时，生成一个相应长度的满足正态分布的随机数组，具体例子如下所示。

```
#生成长度为 3 的满足正太分布的随机数组
>>>np.random.randn(3)
[-0.30826271  0.38873466 -0.62074553]
```

当给 randn()函数传入一对值时，生成相应行、列数的多维数组，且数组中的值满足正太分布，具体例子如下所示。

```
#生成 2 行 3 列的满足正太分布的随机数组
>>>np.random.randn(2,3)
[[2.22566558 0.97700653 0.18360011]
 [0.53133955 0.41699539 0.23905268]]
```

np.random.randint()方法

np.random.randint()方法与 np.arange()方法类似，用于生成一定范围内的随机数组。

```
np.random.randint(low,high = None,size = None)
```

上面的代码表示在左闭右开区间[low,high)生成数组大小为 size 的均匀分布的整数值，例子如下所示。

```
#在区间[1,5)生成长度为 10 的随机数组
>>>np.random.randint(1,5,10)
[3 3 2 2 1 2 4 2 2 3]
```

有的时候 high 参数为空，这个时候取值区间就变成[0,low)，例子如下所示。

```
#在区间[0,5)上生成长度为 10 的随机数组
>>>np.random.randint(5,size=10)
[2 0 2 2 3 4 0 3 3 3]
```

参数 size 可以是一个值，这个时候生成的随机数组是一维的，参数 size 也可以是一对值，这个时候生成的随机数组就是多维的了，例子如下所示。

```
#在区间[0,5)生成 2 行 3 列的随机数组
>>>np.random.randint(5,size = (2,3))
[[4 4 3]
 [2 0 0]]
```

np.random.choice()方法

np.random.choice()方法主要用来从已知数组中随机选取相应大小的数组。

```
np.random.choice(a,size = None,replace = None,p = None)
```

上面的代码表示从数组 a 中选取 size 大小的数组作为一个新的数组，a 可以是一个数组，也可以是一个整数，当 a 是一个数组时表示从该数组中随机采样；当 a 为整数时，表示从 range(int)中采样。

```
#从数组 a 中选取 3 个值组成一个新的数组
>>>np.random.choice(5,3)
[2 1 1]
```

当 size 是一个具体数值时，生成一维数组；当 size 是一对值时，生成一个指定行列的多维数组。

```
#从数组 a 中选取 2 行 3 列的数值组成一个新的数组
>>>np.random.choice(5,(2,3))
[[2 4 2]
 [0 3 2]]
```

np.random.shuffle()方法

np.random.shuffle()方法主要是用来将原数组顺序打乱，类似于打扑克牌中的洗牌操作。

```
>>>arr = np.arange(10)
>>>arr
[0 1 2 3 4 5 6 7 8 9]#原数组顺序
>>>np.random.shuffle(arr)
>>>arr
[2 7 1 6 3 0 5 8 4 9]#乱序后的数组
```

15.3 NumPy 数组的基本属性

NumPy 数组的基本属性主要包括数组的形状、大小、类型和维数。

数组的形状

数组的形状就是指这个数组有几行几列数据，直接调用数组的 shape 方法就可以看到，例子如下所示。

```
#3 行 3 列的数组
>>>arr=np.array([[1,2,3],[4,5,6],[7,8,9]])
>>>arr
array([[1, 2, 3],
       [4, 5, 6],
       [7, 8, 9]])
>>>arr.shape
(3, 3)
```

数组的大小

数组的大小是指这个数组中总共有多少个元素，直接调用数组的 size 方法就可以看到，例子如下所示。

```
#arr 数组共有 9 个元素
>>>arr.size
9
```

数组的类型

数组的类型指构成这个数组的元素都是什么类型，在 NumPy 中主要有 5 种数据类型，如下表所示。

类　型	说　明
int	整型数，即整数
float	浮点数，即含有小数点
object	Python 对象类型
string_	字符串类型，经常用 S 表示，S10 表示长度为 10 的字符串
unicode_	固定长度的 unicode 类型，跟字符串定义方式一样，经常用 U 表示

我们要想知道某个数组具体是什么数据类型，调用数组的 dtype 方法就可以看到。

```
#arr 数组的类型为 int
>>>arr.dtype
int32
```

数组的维数

数组的维数就是指数组是几维空间的，几维空间就对应数组是几维数组，调用数组的 ndim 方法就可以看到，例子如下所示。

```
#arr 数组为 2 维数组
>>>arr.ndim
2
#arr1 数组为 1 维数组
>>>arr1 = np.array([1,2,3])
>>>arr1
array([1,2,3])
>>>arr1.ndim
1
```

15.4 NumPy 数组的数据选取

数据选取就是通过索引的方式把想要的某些值从全部数据中抽取出来。

15.4.1 一维数据选取

一维数据选取，一维可以理解成数据就是一行或者一列数据，想象一下当我们要从一行或者一列数据中选取想要的某些值时我们会怎么选。

先新建一个一维数组供使用：

```
>>>arr = np.arange(10)
>>>arr
array([0, 1, 2, 3, 4, 5, 6, 7, 8, 9])
```

传入某个位置

NumPy 中的位置同样是从 0 开始计数的。获取第 4 位的数如下所示。

```
#获取第 4 位的数，即传入 3
>>>arr[3]
3
```

我们想要获取末尾的数值时，可以直接给数组传入-1，表示获取末尾最后一个数值；当给数组传入-2 时，表示获取末尾第二个值。也就是数组正序从 0 开始数，倒序从-1 开始数。

```
#获取末尾最后一个数值
>>>arr[-1]
```

```
9
#获取末尾倒数第二个数值
>>>arr[-2]
8
```

传入某个位置区间

数组中每个元素都有一个位置，如果想要获取某些连续位置的元素，则可以将这些元素对应的位置表示成一个区间，只要写明元素开始的位置和结束的位置即可。注意，位置默认是一个左闭右开区间，即选取开始位置的元素，但不选取结束位置的元素。例子如下所示。

```
#获取位置 3 到 5 的值，不包含位置 5 的值
>>>arr[3:5]
array([3, 4])
```

当你想要选取某个位置之后的所有元素，只要指明开始位置即可。例子如下所示。

```
#获取位置 3 以后的所有元素
>>>arr[3:]
array([3, 4, 5, 6, 7, 8, 9])
```

也可以获取某个位置之前的所有元素，只需指明结束位置即可。例子如下所示。

```
#获取位置 3 之前的所有元素
>>>arr[:3]
array([0, 1, 2])
```

正序位置和倒序位置还可以混用。例子如下所示。

```
#获取从第 3 位到倒数第 2 位的元素，不包括倒数第 2 位
>>>arr[3:-2]
array([3, 4, 5, 6, 7])
```

传入某个条件

给数组传入某个判断条件，将返回符合该条件的元素。例子如下所示。

```
#获取数组中大于 3 的元素
>>>arr[arr > 3]
array([4, 5, 6, 7, 8, 9])
```

15.4.2 多维数据选取

多维数据就是指这个数组是多维数组，有多行多列，思考一下要从多行多列的数组中选取想要的数据，我们该怎么选。

建立一个多维数组供使用：

```
>>>arr = np.array([[1,2,3],[4,5,6],[7,8,9]])
>>>arr
```

```
array([[1, 2, 3],
       [4, 5, 6],
       [7, 8, 9]])
```

获取某行数据

要获取某行数据，直接传入这行的位置，即第几行即可。例子如下所示。

```
#获取第 2 行数据
>>>arr[1]
array([4, 5, 6])
```

获取某些行的数据

要获取某些行的数据，直接传入这些行的位置区间即可。例子如下所示。

```
#获取第 2 行和第 3 行的数据，包括第 3 行
>>>arr[1:3]
array([[4, 5, 6],
       [7, 8, 9]])
```

同样也可以获取某行之前或之后的所有行的数据。例子如下所示。

```
#获取第 3 行之前的所有行数据，不包括第 3 行
>>>arr[:2]
array([[1, 2, 3],
       [4, 5, 6]])
```

获取某列数据

要获取某列数据，直接在列位置处传入这个列的位置，即第几列即可。例子如下所示。

```
#获取第 2 列的数据
>>>arr[:,1]
array([2, 5, 8])
```

上面代码中逗号之前用来指明行位置，逗号之后用来指明列位置，当逗号之前是一个冒号时，表示获取所有的行。

获取某些列的数据

要获取某些列的数据，直接在列位置处传入这些列的位置区间即可。例子如下所示。

```
#获取第 1 到 3 列的数据，不包括第 3 列
>>>arr[:,0:2]
array([[1, 2],
       [4, 5],
       [7, 8]])
```

同样也可以获取某列之前或之后的所有列数据。例子如下所示。

```
#获取第 3 列之前的所有列，不包括第 3 列
>>>arr[:,:2]
array([[1, 2],
       [4, 5],
       [7, 8]])
#获取第 2 列之后的所有列，包括第 2 列
>>>arr[:,1:]
array([[2, 3],
       [5, 6],
       [8, 9]])
```

行列同时获取

行列同时获取时，分别在行位置、列位置处指明要获取行、列的位置数。例子如下所示。

```
#获取第 1 到 2 行，第 2 到 3 列的数据
>>>arr[0:2,1:3]
array([[2, 3],
       [5, 6]])
```

15.5 NumPy 数组的数据预处理

15.5.1 NumPy 数组的类型转换

我们在前面说过，不同类型的数值可以做的运算是不一样的，所以要把我们拿到的数据转换成我们想要的数据类型。在 NumPy 数组中转换数据类型用到的方法是 astype()，在 astype 后的括号中指明要转换成的目标类型即可。例子如下所示。

```
>>>arr = np.arange(5)
>>>arr
[0 1 2 3 4]

#数组 arr 的原数据类型为 int32
>>>arr.dtype
int32

#将 arr 数组从 int 类型转换为 float 类型
>>>arr_float = arr.astype(np.float64)
>>>arr_float
array([0., 1., 2., 3., 4.])
>>>arr_float.dtype
dtype('float64')
```

```
#将 arr 数组从 int 类型转换为 str 类型
>>>arr_str = arr.astype(np.string_)
>>>arr_str
array([b'0', b'1', b'2', b'3', b'4'], dtype='|S11')
>>>arr_str.dtype
dtype('S11')
```

大家对这个方法可能比较熟悉，我们在 5.4.2 里面的 Pandas 部分也讲过，那这两个有何不同呢？这是两个库中的两个方法，但本质上是一样的，Pandas 中的某一列其实就是 NumPy 数组。

15.5.2 NumPy 数组的缺失值处理

缺失值处理分两步，第一步先判断是否含有缺失值，将缺失值找出来；第二步对缺失值进行填充。

查找缺失值用到的方法是 isnan()。在判断缺失值之前，先创建一个含有缺失值的数组，在 NumPy 中缺失值用 np.nan 表示。

```
#创建一个含有缺失值的数组，nan 表示缺失值
>>>arr = np.array([1,2,np.nan,4])
>>>arr
array([ 1.,  2., nan,  4.])
```

创建含有缺失值的数组以后就可以对缺失进行判断了。如果某一位置的值为缺失值，则该位置返回 True，否则返回 False。

```
# 第三位为缺失值
>>>np.isnan(arr)
array([False, False,  True, False])
```

找到缺失值以后就可以对缺失值进行填充，例如用 0 填充，方法如下所示。

```
#用 0 填充
>>>arr[np.isnan(arr)] = 0
>>>arr
array([[1., 2., 0., 4]])
```

15.5.3 NumPy 数组的重复值处理

重复值处理比较简单，直接调用 unique()方法即可。

```
>>>arr = np.array([1,2,3,2,1])
>>>np.unique(arr)
array([1, 2, 3])
```

15.6 NumPy 数组重塑

所谓数组重塑就是更改数组的形状，比如将原来 3 行 4 列的数组重塑成 4 行 3 列的数组。在 NumPy 中用 reshape 方法来实现数组重塑。

15.6.1 一维数组重塑

一维数组重塑就是将数组从一行或一列数组重塑为多行多列的数组。例子如下所示。

```
#新建一个一维数组
>>>arr = np.arange(8)
>>>arr
array([0, 1, 2, 3, 4, 5, 6, 7])
#将数组重塑为 2 行 4 列的多维数组
>>>arr.reshape(2,4)
array([[0, 1, 2, 3],
       [4, 5, 6, 7]])
#将数组重塑为 4 行 2 列的多维数组
>>>arr.reshape(4,2)
array([[0, 1],
       [2, 3],
       [4, 5],
       [6, 7]])
```

上面的一维数组既可以转换为 2 行 4 列的多维数组，也可以转换为 4 行 2 列的多维数组。无论是 2 行 4 列还是 4 行 2 列，只要重塑后数组中值的个数等于一维数组中值的个数即可。

15.6.2 多维数组重塑

多维数组的重塑如下所示。

```
#新建一个多维数组
>>>arr = np.array([[1,2,3,4],[5,6,7,8],[9,10,11,12]])
>>>arr
array([[ 1,  2,  3,  4],
       [ 5,  6,  7,  8],
       [ 9, 10, 11, 12]])
#将数组重塑为 4 行 3 列的
>>>arr.reshape(4,3)
array([[ 1,  2,  3],
       [ 4,  5,  6],
       [ 7,  8,  9],
       [10, 11, 12]])
#将数组重塑为 2 行 6 列的
```

```
>>>arr.reshape(2,6)
array([[ 1,  2,  3,  4,  5,  6],
       [ 7,  8,  9, 10, 11, 12]])
```

我们同样可以将 3 行 4 列的多维数组重塑为 4 行 3 列或者 2 行 6 列的多维数组，只要重塑后数组中值的个数等于重塑前数组中值的个数即可。

15.6.3 数组转置

数组转置就是将数组的行旋转为列，用到的方法是.T，例子如下所示。

```
>>>arr
array([[ 1,  2,  3,  4],
       [ 5,  6,  7,  8],
       [ 9, 10, 11, 12]])
>>>arr.T
array([[ 1,  5,  9],
       [ 2,  6, 10],
       [ 3,  7, 11],
       [ 4,  8, 12]])
```

15.7 NumPy 数组合并

15.7.1 横向合并

横向合并就是将两个行数相等的数组在行方向上进行简单拼接。与 DataFrame 合并不太一样，NumPy 数组合并不需要公共列，只是将两个数组简单拼接在一起，有 concatenate、hstack、column_stack 三种方法可以实现。

先新建两个数组，用来进行合并。

```
>>>arr1 = np.array([[1,2,3],
                    [4,5,6]])
>>>arr2 = np.array([[7,8,9],
                    [10,11,12]])
```

concatenate 方法

concatenate 方法中将两个待合并的数组以列表的形式传给 concatenate，并通过设置 axis 参数来指明在行方向还是在列方向上进行合并。

```
>>>np.concatenate([arr1,arr2],axis = 1)
array([[ 1,  2,  3,  7,  8,  9],
       [ 4,  5,  6, 10, 11, 12]])
```

参数 axis = 1 表示数组在行方向上进行合并。

hstack 方法

hstack 方法直接将两个待合并数组以元组的形式传给 hstack 即可，不需要设置 axis 参数。

```
>>>np.hstack((arr1,arr2))
array([[ 1,  2,  3,  7,  8,  9],
       [ 4,  5,  6, 10, 11, 12]])
```

column_stack 方法

column_stack 方法与 hstack 方法基本一样，也是将两个待合并的数组以元组的形式传给 column_stack 即可。

```
>>>np.column_stack((arr1,arr2))
array([[ 1,  2,  3,  7,  8,  9],
       [ 4,  5,  6, 10, 11, 12]])
```

15.7.2 纵向合并

横向合并是将两个行数相等的数组在行的方向上进行拼接，纵向合并与横向合并类似，它将两个列数相等的数组在列的方向进行拼接，有 concatenate、vstack、row_stack 三种方法可以实现。

concatenate 方法

使用 concatenate 方法对数组进行纵向合并时，参数 axis 的值必需为 0。

```
>>>np.concatenate([arr1,arr2],axis = 0)
array([[ 1,  2,  3],
       [ 4,  5,  6],
       [ 7,  8,  9],
       [10, 11, 12]])
```

vstack 方法

vstack 是与 hstack 相对应的方法，同样只要将待合并的数组以元组的形式传给 vstack 即可。

```
>>>np.vstack((arr1,arr2))
array([[ 1,  2,  3],
       [ 4,  5,  6],
       [ 7,  8,  9],
       [10, 11, 12]])
```

row_stack 方法

row_stack 是与 column_stack 相对应的方法，将两个待合并的数组以元组的形式传给 row_stack 即可达到数组纵向合并的目的。

```
>>>np.row_stack((arr1,arr2))
array([[ 1,  2,  3],
       [ 4,  5,  6],
       [ 7,  8,  9],
       [10, 11, 12]])
```

15.8 常用数据分析函数

15.8.1 元素级函数

元素级函数就是针对数组中的每个元素执行相同的函数操作，主要函数及其说明如下表所示。

函　　数	说　　明
abs	求取每个元素的绝对值
sqrt	求取各个元素的平方根
square	求取各个元素的平方
exp	计算各个元素的以 e 为底的指数
log、log10、log2、log1p	分别计算以 e 为底、10 为底、2 为底的对数，以及 log(1+x)
modf	适用于浮点数，将小数和整数部分以独立的数组返回
isnan	用来判断是否是 NaN，返回一个布尔值

元素级函数的用法如下所示。

```
#新建一个数组
>>>arr = np.arange(4)
>>>arr
array([0, 1, 2, 3])
#求取各个元素的平方
>>>np.square(arr)
array([0, 1, 4, 9], dtype=int32)
#求取各个元素的平方根
>>>np.sqrt(arr)
array([0.        , 1.        , 1.41421356, 1.73205081])
```

15.8.2 描述统计函数

描述统计函数是对整个 NumPy 数组或某条轴的数据进行统计运算，主要的函数及其说明如下表所示。

函　　数	说　　明
sum	对数组中全部元素或某行/列的元素求和
mean	平均值求取

续表

函　　数	说　　明
std、var	分别为标准差和方差
min、max	分别为最小值和最大值
argmin、argmax	分别为最小值和最大值对应的索引
cumsum	所有元素的累计和，结果以数组的形式返回
cumprod	所有元素的累计积

新建一个数组代码如下所示。

```
#新建一个数组
>>>arr = np.array([[1,2,3],[4,5,6],[7,8,9]])
>>>arr
array([[1, 2, 3],
       [4, 5, 6],
       [7, 8, 9]])
```

下面给出了几种常用的函数示例。

求和

依次对整个数组，数组中的每一行、每一列求和，代码实现如下所示。

```
#对整个数组进行求和
>>>arr.sum()
45

#对数组中的每一行分别求和
>>>arr.sum(axis = 1)
array([ 6, 15, 24])


#对数组中的每一列分别求和
>>>arr.sum(axis = 0)
array([12, 15, 18])
```

求均值

依次对整个数组，数组中的每一行、每一列求均值，代码实现如下所示。

```
#对整个数组进行求均值
>>>arr.mean()
5.0

#对数组中的每一行分别求均值
>>>arr.mean(axis = 1)
array([2., 5., 8.])
```

```
#对数组中的每一列分别求均值
>>>arr.mean(axis = 0)
array([4., 5., 6.])
```

求最值

对整个数组求最大值，对数组中的每一行分别求最小值，对数组中的每一列分别求最大值，代码实现如下所示。

```
#对整个数组求最大值
>>>arr.max()
9

#对数组中的每一行分别求最小值
>>>arr.max(axis = 1)
array([3, 6, 9])

#对数组中的每一列分别求最大值
>>>arr.max(axis = 0)
array([7, 8, 9])
```

15.8.3 条件函数

Numpy 数组中的条件函数 np.where(condition,x,y) 类似于 Excel 中的 if(condition,True,False)函数，如果条件（condition）为真则返回 x，如果条件为假则返回 y。条件函数的例子如下所示。

```
#新建一个数组用来存储学生成绩
>>>arr = np.array([56,61,65])
>>>np.where(arr>60,"及格","不及格")#大于 60 及格，小于 60 不及格
array(['不及格', '及格', '及格'], dtype='<U3')
#返回满足条件的值对应的位置
>>>np.where(arr>60)
(array([1, 2], dtype=int64),)
```

15.8.4 集合关系

每个数组都可以当作一个集合，集合的关系其实就是两个数组之间的关系，主要有包含、交集、并集、差集四种。

```
#新建两个数组
>>>arr1 = np.array([1,2,3,4])
>>>arr2 = np.array([1,2,5])
```

包含

判断数组 arr1 中包含数组 arr2 中的哪些值，如果包含则在对应位置返回 True，否

则返回 False。

```
>>>np.in1d(arr1,arr2)
array([ True,  True, False, False])
```

交集

交集就是返回两个数组中的公共部分。

```
>>>np.intersect1d(arr1,arr2)
array([1, 2])
```

并集

并集就是返回两个数组中含有所有数据元素的一个集合。

```
>>>np.union1d(arr1,arr2)
array([1, 2, 3, 4, 5])
```

差集

差集就是返回在 arr1 数组中存在，但是在 arr2 数组中不存在的元素。

```
>>>np.setdiff1d(arr1,arr2)
array([3, 4])
```